創造か　破壊か

ＪＡ准組合員問題の衝撃と対策

福間　莞爾

新たなビジネスモデルへの挑戦を！

―成果とは常に成功することではない―
（Ｐ・Ｆ・ドラッカー）

はじめに

戦後七〇年、初めてといってよい農協大改革の集中推進期間が五月に終わった。この改革を通じて、これまでＪＡ運動を引っ張ってきた中央会制度が廃止され、産業組合以来、およそ一〇〇年の歴史を持つ中央会監査が公認会計士監査に置き換わった。

この間、ＪＡでは農業生産の増強や農業所得の拡大の取り組みが進められ、販売事業等については、一定の成果を上げることができたとされている。とくに、全農が中心となって進めてきた経済事業改革のうち、生産資材の引き下げについては、組織の内外で評価する声が多く聞かれる。

一方、信用・共済事業の分離問題については、ＪＡ信用事業を信連・農林中金の代理店とする方向が示され、条件整備が進められてきている。

農協改革集中推進期間が終わって残されている最大の課題は、准組合員の事業利用規制の問題である。

この問題については、農協法附則第五一条三に基づき、「政府は、准組合員の利用に関する規制のあり方について、施行日から五年を経過する日までの間、正組合員及び准組合員の組合の事業の利用状況並びに農業協同組合等の改革の実施状況の調査を行い、検討を加えて結論を得るものとする」となっている。この点について、農水省は、「議論は、二〇二一年四月以降に始まる」との認識を示しているが、実際にはもっと早くからになろう。

実は、この准組合員の問題こそが、今次農協改革の本質とさえ言ってよく、JAとして、さまざまな面から検討を行って対策を講じなければならない性質のものである。

その内容は、戦後のJA運動の総括をふまえ、これからのJA運動の展開方向を考えることと不可分で、そうした文脈の中で検討が行わなければならない課題であり、将来のJA組織の帰趨を決める問題なのである。

いま問われているのは、昭和・平成と七〇年にわたって続いてきた信用・共済収益依存のJAモデルから、正・准組合員が一体となって農業振興に取り組む、令和の新JAモデルへの転換である。

このような事態認識のもと、新世紀JA研究会（代表・八木岡努JA水戸代表理事組合長）では、企画部会・小委員会（委員長・JA東京中央 経営企画部荒川博孝課長）で、「新たな准組合員対策」について検討が行われ、二〇一九年三月一五日開催の課題別セミナーでその内容が報告された。

それは、准組合員問題をＪＡの将来ビジョンのもとでとらえ、この問題が都度蒸し返されないような理論構成を行い、かつ、その具体的な取り組み内容についても言及したものとなっている。

本書は、基本的に今回、新世紀ＪＡ研究会がまとめた「新たな准組合員対策」に関する報告の解説書としての性格を持っている。

困難な状況のなか、有志が集まり、自主的な研究活動のなかで、ＪＡの対策として報告書をまとめられたことは画期的なことで、深甚な敬意を表したい。

一方で、本書は筆者独自の論理で記述されているところから、全体の文章責任の一切は、あくまで筆者にあることをお断りしておきたい。

本文中「農協改革」と「ＪＡ改革」の使い分けは、行政側から見た場合に前者、ＪＡ側から見た場合には後者としているが、厳密なものではない。また、ＪＡ全中・ＪＡ全農などの表現はＪＡを省略し、単に全中・全農等とした。

本書が、ＪＡ運動の新たな展望を切り開く一助になることを期待する。

二〇一九（令和元）年六月　著者

目次

第2章 変革

第3章 創　造

第1章

流転

1 准組合員問題とは

～准組合員制度と総合事業は双子の兄弟

准組合員制度は、第二次大戦後の農協法の制定過程で、農協の前身である産業組合（戦時は農業会）の組合員を引き継ぐにあたり、農家以外の組合員を農協に取り込むためにとられた措置であった。

産業組合では、現在のＪＡのように、組合員の資格が限定されず、だれでも組合員なれたところから、農協法制定にあたって、農家以外の地域住民たる産業組合の組合員であった者を農協の組合員するために准組合員制度が生まれた。

なお、産業組合から戦後の農協に変わる間の、産業別に再編された**戦時農業会**[1]でも、会員を当然会員と任意会員に分け、農家たる当然会員のほか、農家以外の地域住民も、任意会員として位置づけるとともに、共益権も与えられていた。

わが国のみならず、アジアで最初といわれる協同組合法である産業組合法（一九〇〇年制定）

は、一九〇六年の二次改正で、販売・購買・利用・信用の四種兼営を認めたが、これは産業組合の組合員の資格を特定の職種に限定することなく、地区内に住所を所有するすべての者としたことと密接な関係にある。

もともと、産業組合の四種兼営が認められたのは、住所を有する同質の組合員が販売・購買・利用・信用の四種類の産業組合にそれぞれ加入するのは煩雑であり、また組合を運営する者も重複するという事情によるものであった。

産業組合の四種兼営は、地区内に住所を有すれば職種別の資格を問わない組合員によって構成されることにより、できたものなのである。

現在のＪＡは、信用・共済事業兼営の総合ＪＡであり、准組合員制度を持つことで成り立っているが、以上のような経緯を見れば、この二つは、ＪＡにとって産業組合から生まれた双子の兄弟といえる。

これまでの農協批判では、信用・共済事業の分離による総合事業の解体が標的にされてきたが、今回の農協改革では、総体として准組合員の数が正組合員の数を上回るという状況のなかで、准組合員の存在も標的にされたことに大きな特徴がある。

信用事業の分離問題は古くから議論されてきたが、准組合員問題については、今回初めて、それも本格的な問題として提起された。この問題は、信用・共済事業の分離問題と違って、これまでJAグループ内で議論が深められてこなかった、いわば理論的に無防備な問題でもある。

ここでの大きな論点は、これまでわれわれがとってきた、JAは職能組合であると同時に地域組合であるという論拠の是非につながるものであるが、このことは本書の主題でもあり、その都度述べていきたい。

JAとしては今回の農協改革に対して、事態を重大なものとして受け止め、この双子の兄弟を同時に守る、時代に即した新しい理論・戦略が求められている。

第一の戦略は、JAはもともと産業組合から発展してきた組織で、総合事業と准組合員の制度は、法律上認められたものであり、地域協同組合としての性格を持っているのだから、従来路線を踏襲することで双子の兄弟を守ればいいという戦略である。

第二の戦略は、JAは農協法第一条による**農業振興を旨とする組織**[2]であるが、農業振興には、産業組合から引き継いだ双子の兄弟の存在が欠かせないという新たな農協論を打ち立てていく戦略である。

だが、後に述べるように、第一の戦略のもとになっているＪＡは、産業組合以来の系譜を持つのだから、農業振興を旨とする職能組合であると同時に、地域組合なのだという二軸論[3]を主張することは、今次農協法改正等を通じて否定されている。

したがって、良いとか悪いとかという前に、この路線は選択できない戦略と考えなければならない。こうした事情は、戦いや議論の前線に立ち、過去の経緯をよく知る、全中もしくは有識者などから問題提起がなければ一般の人にはわからない。

かくして、ＪＡグループがおかれている現状を鑑みれば、二つの戦略のうち取りうる戦略は、第二の双子の兄弟によって農業振興をはかるという新しい選択肢しかないと考えるべきである。

第一の戦略を旧来モデル、第二を新モデルと表現すれば、旧来モデルの選択肢はなく、新モデルを構築していくしか方法はないということである。

われわれは、旧来路線の修正に躊躇すべきではなく、准組合員対策をもとに、新たな農業振興モデルを構築していくべきだ。そうしない限り、かけがえのなかった中央会制度の廃止という代償に応えられないし、さらに今後とも、間断のないＪＡ攻撃にさらされることになる。

だが、この選択肢をとるには、大きな困難がともなう。それは、ＪＡはこうした理屈とは別に、これまで旧来モデルによって、組織として大きく発展してきたという事情がある。ＪＡ貯金一〇〇兆円、長期共済保有高二六〇兆円は類を見ないほどの成功体験だ。

こうした成功体験は、ＪＡ役職員の心に深く刻み込まれている。人も組織も過去の成功体験から抜け出すのは容易ではない。

さらには、リスクの多い農業振興に正面から向き合わなければならないという恐怖感がある。国による「農業基本法」、「食料・農業・農村基本法」をもってしても困難な農業振興は、ＪＡにとっても、大きなリスクをともなう難題である。

ＪＡは信用・共済事業の収益で営農・経済事業の赤字を補填しているという現状から、農業振興に注力した運営を行うことに大きな不安感がある。もっとも、今後、信用・共済事業による収益補填のビジネスモデルの維持は困難になりつつあり、このモデルからの脱却が大きな課題となっている。

成功体験を乗り越え、リスクを覚悟で新たな戦略を考えることは容易ではないが、おかれた状況から、農業振興を前面に押し出し、ピンチをチャンスに変える戦略を立て、これを実行することこそＪＡ改革の要諦である。

1　農業会については、宮永均「ＴｈｅＷａｖｅ～ＪＡ改革」第二号（二〇一八年九月、新世紀ＪＡ研究会）参照。

2　二〇〇一（平成一三）年の農協法改正で、第一条が改正され、本条は「農業者の協同組織の発達を促進すること」を、本法の目的（農業振興：筆者）を達成するための手段として定めていると解釈されている（農業協同組合法令研究会「農業協同組合法：逐条解説」株式会社大成出版社二〇一七年）。

　この改正以降、ＪＡは法律上、農業振興をはかるための手段たる存在であることが明確にされ、ＪＡは、職能組合であり地域組合であるという立場はとれなくなっていると解すべきだろう。

3　二軸論という言い方は、一般の人にはわかりにくいが、簡単に言えば、ＪＡの中に、信用組合や生協などの別の目的や原理が働く組織が同居するかのような状態を是認することをいう。

二軸論の典型は、ＪＡの目的は必ずしも農業振興ではなく、組合員が幸せになることだという協同組合一般論だ。

いま問題になっているのは、農業振興や総合事業のあり方であり、この理論からは、准組合員の事業利用規制など、政府が進める農協改革への有効な対抗策を考えることはできない。

2 農協改革緒戦の攻防

～規制改革会議の提案

二〇一四（平成二六）年五月一四日の「規制改革会議・農業ワーキンググループ（WG）」による、「准組合員の事業利用は、正組合員の事業利用の二分の一を越えてはならない」との提言は、JAグループに大きな衝撃を与えた。

この提言は、自民党で調整のうえ、同年六月二四日に「規制改革実施計画」として閣議決定された。「規制改革実施計画」における准組合員に関する内容は、「准組合員の事業利用について、正組合員の事業利用との関係で、一定のルールを導入する方向で検討する」というものだった。

農協改革の緒戦の攻防において、准組合員問題が再び脚光を浴びたのは、二〇一五（平成二七）年二月八日であった。

この日、全中の萬歳章会長ら全国連首脳が呼び出され、自民党インナーや農水省幹部らとの協議のなかで中央会（監査）制度の廃止を取るか、准組合員の事業利用規制を取るかの二者択一（王手飛車取り）を迫られ、全中会長はやむなく中央会制度廃止の方向を取らざるを得ない状況に追い込まれた。

将棋における王手飛車取りは、対戦相手との間に余程の力量差がなければ打てない指し手で、この手を打たれた方はその時点で負ける。

ＪＡグループはそこまで追い込まれていたということであり、同時に王手飛車取りの「王将」は、准組合員の事業利用規制の問題であることが明らかになった。

この時から、准組合員の事業利用規制の問題は、ＪＡグループにとって最大の懸案事項だったのである。

翌九日には、全中は、自民党本部で政府与党の農協改革骨子案の受け入れを表明し、この瞬間において今次農協法改正は、国会審議を待たずして事実上決まってしまった。

いうまでもなく法改正は本来、国会審議を経て決まるのだが、全中は国会審議前の段階で政府・自民党の思惑にはまり、結果として、国会審議の道を自ら封殺してしまった。

二〇一四（平二六）年六月の「規制改革実施計画」の決定以来、わずか一年を経ずして戦後の農政・ＪＡ運動を主導してきた中央会制度の廃止が決められた原因をどのように考えればいいのか。

それは、①農協改革の議論が終始内向きで、議論が対自民党それもインナーと呼ばれるごく少数の自民党幹部との密室議論のもとに行われたこと、②ＪＡに、これまでの制度依存の考えが払しょくし切れず、いずれ政府は悪いようにはしないだろうという意識が根底にあったこと、とりわけ中央会制度に対する重要性の認識が甘かったこと、③公認会計士監査への移行など、ＪＡの運営も他の組織と同じであるというイコールフッティング論に有効な反論ができなかったこと、それゆえ、④農協改革を組織内においても、国民に対しても、ＪＡ運動として展開できなかったこと、などがあげられる。

とくに、公認会計士監査への移行については、当時の全中冨士重夫専務理事が、非営利で、組合員へのサービス提供の状況を判断する中央会監査と、主に上場会社を対象とし、投資家の投資判断の材料を提供するために行う公認会計士監査は監査の目的が違い、同一視すべきではないと、中央会監査の独自性を訴えた。

実は、これが監査問題に対する正論だったのだが、すでに生協など他の協同組合も公認会計士監査に移行していると反論されるなど、イコールフッティング論を覆すことができなかった。

これらの反省をふまえると、これからの農業・農協問題を政府・自民党、または他の政党もしくは広く国民との間で、どのようにＪＡ運動として展開して行くのか、今次農協改革を通じてＪＡに問われている最重要の課題である。

3 自己改革の本当の意味

～まずは現実の直視を

自己改革の言葉を聞かない日はない。だがその内容を理解している人はどれだけいるのだろうか。自己改革の言葉を最初に使ったのは政府であり、意味するところは二〇一四（平成二六）年六月に閣議決定されたＪＡ解体を目指す「規制改革実施計画」の内容を実行することだ。

そのことは、実施計画に書いてある。これに対して、ＪＡの自己改革は、政府に言われるものではなく、自ら行うものと理解されている。改革は、政府にとやかく言われるものではない。その意気やよし。

かくして、自己改革の大合唱となる。だが、そもそも自己改革などということは当たり前のことで、民間の会社組織では使われることはない。政府と特別な関係を持つＪＡならではの言葉だろう。

全中が自己改革という言葉を使った当初は、ＪＡから「自己改革とは何を意味するのか」という当然の疑問が出されていたが、いつの間にか自己改革の大合唱にかき消されてしまった。いずれにしても、もともと、自己改革は政府が言い出したもので、ＪＡがその意向に反して勝手な自己改革を進めてみても、それはたんに蜃気楼を追い求めて行くようなもので、到達点があるわけではない。

政府も改革は、ＪＡ自身が行うものと説明しているが、これは、改革を政府が強権をもって押し付けているという印象を国民に与えるのは得策ではないという配慮からに過ぎない。後にも述べる通り、政府は当初、ＪＡが行う自己改革の内容をふまえて改革を行うと言っていたが、全中が二〇一四（平成二六）年の一一月に自己改革案をまとめる前には、すでに中央会監査の廃止を決めていた。

このことは、ＪＡが行う自己改革と、政府がいう自己改革とは直接的には関係がないことを物語っている。したがって、今後に残されている准組合員の事業利用規制問題についても、現在ＪＡが行っている自己改革とは基本的には関係がないと考えておいた方がよい。

政府は、「准組合員の利用量規制のあり方については、直ちには決めず、五年間、正組合員及び准組合員の利用実態並びに農協改革の実行状況の調査を行い、慎重に決定する」といい、

ＪＡも自己改革に全力をあげるといっているが、ＪＡの自己改革とは関係なく、二〇二一年四月以降、この問題について、一定の結論が出されることは確実である。

政府がいう自己改革の内容は急進的で、それは戦後ＪＡ運動の総決算を求めるほどのものであるといっていい。これに対するＪＡの自己改革は、従来路線を踏襲するもので、政府がいう改革とＪＡが認識する自己改革との差はあまりにも大きい。

従来路線は、二〇一四（平成二六）年一一月六日に全中が発表した自己改革案がもとになっている。だが、この自己改革案は、中央会制度が廃止される前の異常事態のもとで作成され、また政府によって否定されたものなのだが、その後の第二七回ＪＡ全国大会議案に引き継がれていくことになる。

ＪＡは、戦艦大和に例えられるほどの巨大組織だけに小回りが利かず、方向転換が急にできないことはわかるが、六〇〇万人を超える声なき准組合員を抱える張りぼての大和にならぬよう改革を進めることが肝要だ。

また、時代に対応できない戦艦大和ではない、機動力のあるフラットな組織戦略に転換することも考えるべきだ。

筆者も、どうしても従来路線を変えるべきと考えたくはない。ＪＡは、信用・共済事業の兼営と准組合員制度によって大きく発展してきたし、また、そうした助けがなければ農業振興は困難とも思っている。

だが、どう考えても、結果的に政府・与党や国会審議等を経て否定された方針を引き続き掲げることには無理があるし、何より国民の理解を得ることはできない。

それは、民意がＪＡに改革を促しているととらえるべきであり、ＪＡもまた自身の改革の好機にすべきと考えている。

それに、これからのＪＡが進むべき道について、中央会制度が崩壊した今、政府が助けてくれるわけではない。自分の道は自分で切り拓いていくしかない。

ＪＡが行う自己改革とは、従来路線を踏襲するのではなく、戦後ＪＡ運動の総括をふまえ、明確な将来方向を示し、国民理解の上で新たなＪＡ運動をすすめていくことだ。そのための具体策が、ＪＡ自己改革の本当の意味である。

4 インナー政治の虚構

〜その功罪

インナーとは、特定業界における自民党の専門家集団のことをいい、農業分野では、農業・農協問題に精通した自民党議員の専門家集団のことをいう。

今次農協改革で力を発揮したのは自民党のインナーであり、農協改革緒戦の戦いで敗北を喫した決定的な原因は、全中がインナー政治に巻き込まれたことにあった。

インナー政治の功罪はいろいろ考えられるが、そのもっとも大きな弊害は、平時はともかく、変革期においては、インナーが政府・与党とりわけ官邸の政策のお先棒を担がされることだ。

二〇一四（平成二六）年五月一四日、政府の規制改革会議・農業ワーキンググループは「農業改革に関する意見」を公表した。内容は中央会制度の廃止、JA信用事業の農林中金への移管、准組合員の事業利用制限など衝撃的なもので、政府はこの内容をもとに六月二四日、「規制改革実施計画」を閣議決定した。

この「意見」に対して、自民党から激しい反発の声が上がり、五月二一日「新農政における農協の役割に関する検討プロジェクトチーム」などの合同会議が開かれ、議論の結果、対応はインナーと呼ばれるごく少数の農林族幹部の協議に委ねられることになった。[4] **不透明な密室議論の始まりだった。**

当時のインナーメンバーは、森山裕、中谷元、西川公也、宮腰光寛、斎藤健、野村哲郎（後から参加）などの議員といわれ、ＪＡにも理解のある自民党なりの最強シフトであったとされる。

農協改革緒戦の戦いは、二〇一四（平成二六）年五月二一日から翌年二月八日まで自民党インナーを軸に進められた。周知のように、二月八日は、ＪＡグループが、政府から中央会制度の廃止か准組合員の事業利用規制を取るかの王手飛車取りに会い、中央会制度の廃止を認めた日である。

このわずか九か月にも満たない期間に、戦後のＪＡ運動を牽引してきた中央会制度が廃止され、また計理士法・公認会計士監査とほぼ同じ長さの歴史を持つ、産業組合以来の中央会監査も廃止されることになったことは驚愕に値する。

しかもそれは、農協法改正の国会審議前のことであり、国会審議を経ずしてすべてが決まってしまったのである。インナー政治の力、恐るべしとしか言いようがない。

二〇一四年六月二四日の「規制改革実施計画」の閣議決定以降、全中は有識者会議を開き、また総合審議会を開催するなどして、一一月六日に「ＪＡグループの自己改革」をまとめた。

政府は対外的には、自己改革はＪＡ自ら行うものなどと建前を述べていたが、ＪＡが行う自己改革などは、最初から眼中になかった。二〇一四年の秋口までには、当時の農水省の皆川芳嗣事務次官から全中万歳章会長に中央会監査の廃止が通告されていたことがそのことを物語る。

中央会監査の廃止通告が行われた段階で、全中はこれを広く組合員討議にかけ、全国的な反対運動を展開することができたし、そのようにすべき大きな問題だった。

だが、そのような方向はとられず、ＪＡグループは、自民党インナーにすべてを委ねる道を選んだ。結果は前述の通りで、中央会・監査制度の廃止という歴史に残る敗北を喫した。

それも、全中会長名で、自民党議員の皆様にはよく頑張ってもらったというお礼の文書を、全国のＪＡ組合長に送り付けるというおまけつきだった。

だがこれを、すべて自民党・官邸のせいにするわけにはいかない。ＪＡ内には、まさかそのようなことを政府がやるはずがない、仮にそこまで政府が考えるなら受け入れることはやむを得ないのではという、およそ協同組合として主体性のない意識があったのであろう。

協同組合にとってもどの組織にあっても、政党・政治家はいい意味で利用すべきものであって、利用されるべきものであってはならない。協同組合第四原則の「自主・自立」は単なるお題目ではないのだ。

4　飯田康道「ＪＡ解体」（二〇一五年、東洋経済新報社刊）参照。

5 農協改革の争点

～協同組合VS会社、地域VS農業、総合VS専門

農協改革について、ＪＡは総合農業協同組合であるところから、①総合、②農業、③協同組合という三つの観点から改めて考えて見たい。

まず、「協同組合」について述べよう。この点について、政府の認識は、協同組合は競争原理に基づかない不効率な組織ということにあるようだ。

農協法改正でのＪＡ組織から協同組合・株式会社組織への転換規定や、営農指導・経済事業分野での営利追求の導入などがそのことを物語っている。

しかし、協同組合は会社や行政組織とならぶ世界の三大組織であり、それは助けあい・競争・自己保全という人間の本性（Human Nature）に基づくものであるところから、いずれの政権もこれを否定した政策を行うことはできない。

政府は、今のような閉塞状態にあって、助けあいという人間の本性に基づく奉仕活動・低コ

ストの協同組合の活動を助長し、その助けを借りるのが得策ではないのか。

一方、いずれの組織も、他の組織の長所を取り入れた運営を行うことが、組織の発展にとって必要で、協同組合も、会社（競争）や行政（公共）の機能を取り入れた運営を心がけることが重要だ。

また、組織にとって、その存在理念を明らかにして行動することは大切だが、それ以上に具体的なビジネスモデルを構築して社会を変革していかなければならない。

協同組合は協同の力で組合員のニーズを実現して行く組織だが、ＪＡもこの考え方に基づきイノベーションを起こし、協同組合ビジネスモデルの構築に不断の努力を払っていくことが重要だ。

後に述べるＪＡの准組合員対策も、新たな協同組合・ＪＡビジネスモデルの構築としてとらえることが重要である。

次に「農業」であるが、このことについては、さしあたり企業的・大規模経営ＶＳ家族的・小規模経営が争点となる。この問題は、農業は生業か産業かという議論にもつながる。

この議論については、農業は工業生産と違い自然を相手にする仕事だけに一概には言えない。

一方的に企業的・大規模経営を主張し、産業としての自立だけを唱えるのは間違っているし、反対に家族的・小規模経営や生業としての特徴だけを唱えるのも現実的ではない。

いずれにしても、問題は農業が衰退し、食料の自給や食の安全が脅かされることがないよう、しっかりした対策を講じて行くことが肝要である。

また、関連する争点として農業VS地域がある。この問題については、JAが職能組合か地域組合かという議論につながり、これからのJA運営と重要な関係がある。本書の主題である新たな准組合員対策もこの議論と不可分の関係にあるので、別稿で詳しく述べたい。

最後の総合事業については、信用・共済事業のJA事業からの分離問題がある。この点については、これまでも度々問題とされてきたが、今回、信用事業の分離について、初めて実施のための条件整備まで事態が進んだ。

内容は、JA信用事業の信連または農林中金への事業譲渡・代理店化であり、JAの自主選択により代理店化が可能となり、そのための体制整備が行われた。

「規制改革実施計画」では、全農・農林中金・共済連いずれもJA出資の株式会社とすることが盛り込まれていたが、このうち、法改正を必要としない信用事業について代理店化の方向が明確にされた。

ＪＡ信用事業の信連・農林中金への事業譲渡は、すでに、信用事業再編強化法（ＪＡバンク法・二〇〇一年制定）として措置済みであり、新たな法改正は必要とされない。

代理店化については、ＪＡの自主選択となっているが、一方で、農林中金への代理店化が行われれば、多くのＪＡは、信用事業について公認会計士監査の対象とならず、さらには、准組合員の事業利用規制との関係で、規制を受けることがなくなる（ＪＡが農林中金の代理店になれば農協法の適用外になり、形式的には事業規制の対象にはならない）。

このため、代理店化されないための、ＪＡの体制整備が必要とされている。農林中金は、農水省から代理店化について、二〇一九年の五月までにＪＡの意見集約を求められている。

政府の規制改革推進会議農林ワーキンググループ（ＷＧ）の二〇一九年四月一日の会合では、早くも代理店化について、今後の見込みを含めて、八ＪＡなのは少ないという批判の声が上がっている（四月三日付け日本農業新聞）。

こうした事情から、今後とも[5]**代理店化に追い込まれないための対策が必要とされる。**

5　ＪＡ信用事業の農林中金の代理店化にともない、ＪＡ共済事業の取り扱いも問題になる。後述する通り、共済事業については、実態として連合会によるＪＡの代理店化が進んでいる。

在日米国商工会議所の要求は、共済（協同組合）市場への参入である。郵政改革でアフラックが日本市場に本格参入したことを考えれば、ＪＡ共済事業の代理店化による問題と対応策を、今からよく考えておかなければならない。

6 職能組合と地域組合
～二軸論の破たん

二軸論とは、ＪＡは職能組合であると同時に、地域組合の性格を持つ組織だと主張することをいう。ＪＡにとって、今回の農協改革における最大の争点であったはずのものが、実はこの二軸論であった。

はずだったというのは、この二軸論はＪＡの現場の人たちにとって、ある意味難解で、ある意味どうでもよいことであり、このことをよく理解している全中や有識者の人たちが問題提起しなければ、関心を呼ばない性格のものであるからだ。

後にも述べるように、実は二軸論などわかりにくい問題はどうでもいいというわけにはいかない事情がある。それは、二軸論がＪＡの将来ビジョンや准員合対策と密接不可分な関係にあるからだ。

二軸論は、政府に促され全中がつくった、「ＪＡグループの自己改革」（二〇一四年一一月六日公表）に示されている。

この自己改革案の第二「農業と地域のために全力を尽くす」の中で、「ＪＡグループは、農業者の職能組合と地域組合の性格を併せ持つ、食と農を基軸として地域に根ざした協同組合を目指す」としており、さらには、「こうしたＪＡが今後果たしていくべき役割を、農協法上に位置づけることを検討する必要」があるとまで言っている。

こうした二軸論に、当時の西川公也農水大臣が苦言を呈し、農協法改正国会では審議の対象にすらされなかった。ＪＡグループが主張してきた二軸論は、今回の農協改革・農協法改正を通じて、否定されたといっていい。

[6]**改正農協法では、ＪＡはそのような組織であれば、どうぞ、農業関連以外の部分は他の協同組合や会社組織にお譲りくださいといっている。**

この結果、ＪＡの存在意義・役割について、政府とＪＡの間で大きな認識の差が拡大する事態が進行しており、早急な見直しが必要になっている。

ＪＡが、農業者の職能組合と地域組合の性格を併せ持つ組織であるということなどはどうでもいいことではないか、それを二軸論などといってことさら問題とするのに何の価値があるのか、といった声がＪＡから返ってきそうだ。

現に、従来路線踏襲型の運動展開に疑問を呈する声は、ＪＡグループ内で表面化してはいない。学者・研究者の中には、従前どおり二軸論を支持・主張する人もいる。

だが、たとえば二軸論を展開する弊害は、今後の最重要の課題である准組合員対策を考えるうえで鮮明になってくる。准組合員対策でＪＡグループが主張しているのは、地域インフラ論だ。これは、衆参両院の農水委員会の付帯決議にもなっている。

地域インフラ論は典型的な二軸論であり、インフラが整っていない地域においては、農業者でない人びとのニーズに応えるため准組合員制度が必要であるというものだ。

これは、ＪＡはすべての地域とはいわないまでも、農家だけでなく地域住民のために存在する組織であると主張しているのに等しく、これが地域組合論の大きな特徴だ。

この議論からは、逆説的にいうと、インフラが整っている地域では准組合員に事業利用規制をかけても良いことになりかねず、二軸論では対抗できない。全国的に見てインフラが整っていない地域はほとんどないからだ。

もちろん、地域によってはＪＡ以外にインフラ施設がなく、ＪＡが農家以外の人たちにとってなくてはならないところでは、インフラ論を主張するのに何ら問題はない。

准組合員問題でインフラ論（地域組合論）を持ち出すことは、かえって政府に事業利用規制の口実を与えることになることに、ＪＡグループはもっと真剣に向き合うべきだ。

農水省は、これまでもそうだったが、さらに二〇一九年度も予算を使って生活インフラの整備状況の調査を行うこととしている。これは、ＪＡが主張するインフラ論を逆手に取って、生活インフラが整備されているＪＡについて規制をかける根拠にしようとしていると考えて差し支えない。

政府は、インフラ論によって、インフラが整っている地域には何らかの規制をかけることに理論的根拠を得、さらにその裏付けとしてインフラの整備状況を調査しているように見える。いくら自民党の数を頼んでも、理屈の通らないことは、いずれ一蹴されることをよく考えておいた方がいい。

今後のＪＡ運動や准組合員対策の基本は、インフラ論ではなく、准組合員は農業振興にとって必要な存在であることを組織の内外に明らかにし、国民的理解を得ることにある。

職能組合であれ地域組合であれ、ＪＡは農業協同組合であることに疑いの余地はない。二軸論は、戦後七〇年を経て清算が迫られている、戦前の産業組合時代の残滓を引きずる農協論と理解すべきで、二軸論に代わる新たな農協論が求められている。二軸論は、これまで学者・研究者の間で議論されてきた、職能組合論と地域組合論がその背景にある。

6　組合の組織変更について…二〇一五（平成二七）年の農協法改正（施行・平成二八年四月）によって、出資組合はその事業（信用事業および共済事業を除く）の新設分割（農協法第七〇条の二から第七〇条の八）、信用事業または共済事業を行うものを除く出資組合の株式会社への組織変更（同法第四章第一節）、非出資組合等の一般社団法人への組織変更（同法第四章第二節）、信用事業または共済事業を行うものを除く単位農協の消費生活協同組合への組織変更（同法第四章第三節）、病院等を開設する組合の医療法人への組織変更（同法第四章第四節）ができることとされた。

7 職能組合論と地域組合論

～代表的農協論

職能組合論と地域組合論は、第二次大戦後、農協研究で今日まで戦わされてきた代表的な農協論だ。この議論は、一九六〇年代からの日本の高度経済成長のもと、都市化のなかでＪＡの准組合員が増え、信用・共済事業が大きく伸長することで、ＪＡが農業協同組合としてどのような組織なのか、その性格が問われることで表面化した。

職能組合論の主張は、農協は農業振興を旨とする組織であり、地域性には必ずしも重きを置かない議論である。職能組合の構成員は、主に専業農家であり、農産物の販売が主たる業務となる。

念頭に置かれるのは、農産物生産・販売の専門農協である。職能組合論の旗頭は、佐伯尚美（元農林中金調査部・東京大学名誉教授・一九二九～二〇一八年）であった。

佐伯は「地域原理とは、それのみをもってしては協同組合形成の基本原理となりうるものではない。地域原理という言葉によって意味されるものは、同一地域に居住することによって生ずる一般的な人間的連帯感ないし親近感であり、単にそれだけのことである」、「およそ経済的要因（いわゆる職能原理）によらない組合など論理的に存在するはずがない」として地域組合論を排した。

これに対して、地域組合論を主張したのは鈴木博（元農林中金調査部・長崎県立大学教授・一九三二〜二〇一〇年）であった。鈴木は、わが国の農協はもともと一元的な職能組合ではなかったとする。

そして、准組合員制度に着目して、「この制度によって農協は地域内の居住者をその職業のいかんにかかわらず組織することで、地域協同組合として発展してきたのだ」と主張した。

また、協同組合の結合原理について、「協同組合の組織化の軸となるものは、生産・生活のそれぞれの場における具体的な協同活動そのものであり、佐伯の言うような特定の職能に限られるものではない」とした。

一九八三年には、鈴木博編著による「農協の准組合員問題」（全国協同出版社刊）が発刊されている。

このような、ＪＡは職能組合か地域組合かの議論はなぜ戦わされたのか。

それは、戦後の農協が農協法に基づき、信用事業を兼営する総合農協として、また地区内の住民を職業のいかんを問わず組合員として抱えることができる准組合員制度を持ちながら発展してきたからである。

ＪＡが職能組合か地域組合の議論は、その発端から今日まで半世紀の長きにわたって続けられてきた農協論であり、今次の農協改革で見直しが迫られている基本的問題の一つである。

その理由はこれから述べるが、この議論の今日までの帰趨をみると、結論的には地域組合論の圧勝に終わった感があった。それは、現実のＪＡの発展の姿に表れていた。

今日までの運動過程で、ＪＡは職能組合論者が唱えるような専門農協になることはなく、むしろ専門農協を包含・吸収してきたし、信用・共済事業兼営の総合農協として、また准組合員の加入によって大きく発展してきたからである。

ちなみに、これまでの農協論としては、こうした職能組合・地域組合論のほかに、代表的なものとして統一協同組合論、産消混合型組合論などがある。

統一協同組合論は、職能別に分かれている現状の協同組合を共通する一つの協同組合法にまとめ、そのもとで自由に職能組合を組成し、互いに競わせることで組合員の負託に応えようというもので、炭本昌哉（元農林中金調査部・学習院大学講師）によって主張された。

また、産消混合型組合論は既存の協同組合に拘らず、生産者・消費者の枠を超えた協同組合を構想するもので、河野直践（茨城大学教授・一九六一～二〇一一年）によって主張された。

そのほかの多くは、職能組合論と地域組合論の中間の立ち位置をとる学者・研究者が多かった。このうち、どちらかといえば職能組合論に近い立場をとったのが太田原高昭（北海道大学名誉教授・一九三九～二〇一七年）であり、中間かむしろ地域組合論よりの立場に立ったのが藤谷築次（京都大学名誉教授）であった。

次に、職能組合・地域組合論を顧みて、その終焉について述べる。

8 新たな農協論の構築

～農業振興のためのＪＡ

職能組合・地域組合論は、ＪＡの組織的性格を論ずるものであったが、今回の農協改革を通じて、この議論で対応していくのは無理があることが明らかとなった。

それは、これからのＪＡの最重要課題である准組合員問題に、地域組合論からも、また、職能組合論からも、有効な対策が打ち出せないことがそれを物語っている。

まず、地域組合論の行き詰まりについてみると、鈴木博の意見のように、戦後の農協は一元的な職能組合ではなく、地区内の居住者を職業のいかんを問わず組合に加入できる組織であると考え、ＪＡは必ずしも農業者・農家だけの組織ではないというものだが、この主張では、もはや農協改革への対応が不可能になっている。

今回「規制改革会議」が打ち出した准組合員の事業利用規制は、ＪＡの解体を意図するものであるとしても、一方でＪＡとはそもそもどのような組織かが問われている問題としてとらえることが重要であり、ＪＡは正面からこの問題に対峙していくことが求められている。

とくに、鈴木が問題提起した時点での、全国の准組合員比率が二八・五％―正組合員五六四万一千人・准組合員二二四万四千人（一九八〇年度・総合農協統計表）という状況と、総体として准組合員数が正組合員数を大きく上回る、准組合員比率五八・二％―正組員四三六万八千人・准組合員六〇七万七千人（二〇一六事業年度・農水省調査）という状況の変化はあまりにも大きい。

しかも、正組合員数が減少するなかで、准組合員数は増加し、年々准組合員比率が高まってきている。准組合員問題は、ＪＡグループとして長年にわたって放置してきた重要課題と認識すべきであろう。

地域組合論の立場に立って、ＪＡに農家でない異質の組合員がいることを認め、それはＪＡが地域組合であることの証左であると主張するのはいいが、それではその部分は信用組合や生協等の別の協同組合に衣替えすべきではないかという議論につながらないのか。

この点、地域組合論の立場に立って、一九七〇年の「生活基本構想」（第一二回全国農協大会議案）が唱える、ＪＡは農業者だけの組織たるにとどまらない組織であるなどという方針をいま打ち出せば、准組合員の事業利用規制ばかりかJA分割の格好の口実を与えることになるのではないか。

また、インフラが整ってない地域では、JAしかサービスの提供ができないからJAは農家以外の准組合員を抱えているのだというインフラ論も、山間へき地等は別として多くの地域で銀行、保険会社、コンビニ・量販店等が乱立している状況では説得力を持たない。

今回「規制改革会議」が打ち出した准組合員の事業利用規制問題について、准組合員は、制度として認められているもので、その数によって云々されるものではないと唱えるだけで、有効な対応策を打ち出せないでいるのは、JAグループが従来通りの地域組合論に立っているからである。

今の状況で地域組合論を唱えることは、JAにとって一般的な協同組合の意義・重要性を謳い上げるのには有効であっても、切迫したJA解体の課題解決の論拠たりえず、この理論からの脱却が求められている。

また、もちろん、この反対の極にある偏狭な職能組合論に立つことも現実的ではない。農業は地域から離れることはできず、地域がまた農業を支えているからだ。

植物工場やスマート農業の提唱・実践がもてはやされているが、いずれにしても、農業は地域から離れて成り立たないだろう。

もともと、職能組合・地域組合論は、組織性格面からＪＡを説明するものであって、それ以上のものではなかった。地域組合という協同組合は現実には存在しないし、同様に職能組合という協同組合も現実には存在しない。

ＪＡは職能的性格を持つと同時に地域的性格を持つ協同組合であり、漁協、生協、信用組合など他の協同組合組織も同様だ。およそ、地域性を持たない協同組合など存在しない。

こうした地域組合論については、職能組合論についても同じように説明できる。ＪＡは地域性を持つと同時に職能性を持つ協同組合であり、漁協、生協、信用組合など他の協同組合組織も同様だ。現行法制のもとで、職能的性格を持たない協同組合は存在しない。

そこで職能組合・地域組合論に代わる新たなＪＡ論が必要になるが、それには、職能組合・地域組合であれ、ＪＡは、農協法一条に規定されているように農業振興を旨とする総合農業協同組合であることの前提に立った議論展開が必要である。

それは、専門性のみを主張する偏狭な職能組合論に立つものでも、協同組合一般論に立つ地域組合論でもない、新たな農協論の確立である。

9 農業政策遂行とＪＡの役割

～蜜月時代の終焉

戦後七〇年、日本の高度経済成長にとって農業は重要な役割を果たしてきた。戦後の食糧難の時代にはコメの増産・供出が行われたし、その後の経済成長のため、農村から都市へ良質な労働力の供給が行われた。

また、都市への人口集中にともない宅地の需要が増え、多くの農地が宅地に転換された。この間の事情を、米価闘争で名を残した全中の宮脇朝男会長（当時）は、戦後、農家は国から米をとられ、労働力をとられ、さらに農地をとられたと嘆き、そのことを訴えて農協運動を鼓舞した。

高度経済成長期に、ＪＡは総評、医師会とともに日本の三大圧力団体として並び称され存在感を示したが、今ではそれは遠い過去のものとなった。

こうした時代の変遷に対応しＪＡは、食料増産・供出に協力し、その後の農業・農村を支えた食管制度の仕組みを支える組織として大きな役割を果たしてきた。

とくに、食管制度の時代には、政府買い入れの米代金が農林中金を通じてＪＡの組合員の貯金口座に振り込まれた事情から、信用事業を兼営する総合ＪＡは極めて好都合な存在として機能した。

また、一九七〇年から総合農政のもと、本格的な米の生産調整が始まるが、生産調整は国・都道府県・市町村とＪＡが一体となって進めることが必要なことから、引き続きＪＡは農政推進上の重要な役割を果たすことになった。

このように見てくると、政府にとって、ＪＡはなくてはならない存在であり、その機能を農業政策に生かすため、政府とＪＡは二人三脚で歩みを進めてきた。

だが、食管制度は廃止され、その後、半世紀にわたって続けられてきた米の生産調整も二〇一八年をもって廃止されることになった。

いまや、国・都道府県・市町村、ＪＡが一体となって進めるコメの生産調整のために必要とされた、一地域一ＪＡの原則も崩され、同一地域に複数のＪＡの設立も可能となった。

また、都市農地の位置づけも、「都市農業振興基本法」の制定に見られるように、人口減や都市一極集中是正等のため、従来の「農地から宅地への転換」政策から、農地を農地として評価する方向へと転換している。

要するに、農業・農地政策等の転換により、国の政策遂行にとってＪＡの存在とその必要性は、著しく低くなってきているのである。

その象徴が、今次農協改革の最大の目玉であった中央会制度の廃止である。中央会制度は、国策遂行のため農林省の別動隊としてつくられた感の強い組織であり、ＪＡは中央会の指導のもと大きく発展してきた。

だが、中央会制度の廃止により、政府がＪＡを政策遂行の手段として重要視するという蜜月関係の時代は終わりを迎えた。これが今次農協改革の最大のできごとであった。

中央会制度の廃止により、一つの時代が終わりＪＡは文字通り、自主・自立の新しいＪＡ運動を展開しなければならない時代に入ったのであり、われわれには、そうしたことへの明確な意識転換が求められている。

加えて、近年では農業政策は、競争一辺倒の新自由主義の考え方が色濃く反映されてものとなってきており、ＪＡは政府にとって必ずしも適切なパートナーとはみなされなくなってきている。

一方で、農業政策は、産業政策とともに地域政策が必要なことは、食料・農業・農村基本法でも明確にされており、今後とも地域と協同を旨とするＪＡが果たす役割は大きい。

いま、日本農業・農村は、ＴＰＰ、ＥＵとのＥＰＡ交渉の締結・発効などによる農畜産物のかってない規模での市場開放、競争重視の偏重な農業政策のもと崩壊の危機に立たされている。

こうした状況のもと、食料の安全保障や食料主権確立の運動が求められているが、それは従来のように、政府・国会対策のみでは限界があり、広く国民を視野に入れた開かれたＪＡ運動の展開が求められている。

これからの運動は、従来のように閉鎖的な政・官・ＪＡのトライアングルの中で課題解決をはかる姿勢だけで成果を上げることはむずかしい。

10 農協改革集中推進期間の終了

～持ち越された最大の課題

農協改革は、二〇一九年五月に集中推進期間を終えた。農協改革について、だれがどのように総括を行うのか。

だが、農協改革について、政府とＪＡグループの間の認識はすれ違いのまま進行しているので、とくに、ＪＡグループにおいて、その評価はあいまいなままで、いまのところ総括らしきものは行われていない。

二〇一九年三月七日に開催された第二八回ＪＡ全国大会議案では、第二七回全国大会決議の成果として、農畜産物の販売が伸長したこと、生産資材価格の引き下げなどさまざまな面でＪＡが取り組んだこと、また、課題としてマーケットインの販売、営農経済事業への経営資源のシフト、自己改革の情報発信、組合員との対話の重要性などが記載されている。

このように、大会議案では農協改革については、まるで何事もなかったかのような書きぶりであるが、このままで一体大丈夫なのかと不安に駆られるのは、筆者だけではあるまい。中央会制度の廃止という歴史的事態をふまえれば、しっかりとした総括を行い、ＪＡ運動の新しいビジョンを打ち出していくべきなのだが、そうした気配は感じられない。

そこで、五月に改革集中推進期間を終えるにあたり、農協改革を簡単に振り返っておきたい。今次農協改革は、二〇一四（平成二六）年六月二四日に閣議決定された「規制改革実施計画」に示された、ＪＡの組織改編の「仮説的グランドデザイン」によって進められてきた。

政府によるＪＡの組織改編の仮説的グランドデザイン
―「規制改革実施計画（平成二六年六月二四日閣議決定）」―

1　ＪＡを農業専門的運営に転換する。

2　ＪＡを営農・経済事業に全力をあげさせるため、将来的に信用・共済事業をＪＡから分離する。

3　組織再編に当たっては協同組合の運営から株式会社の運営方法を取り入れる。
（1）全農はＪＡ出資の株式会社に転換する。

（2）農林中金・共済連も同じくＪＡ出資の株式会社に転換する。
4　ＪＡ理事の過半を認定農業者・農産物販売や経営のプロとする。
5　中央会制度についてＪＡの自立を前提として、現行の制度から自律的な新制度へ移行する。
6　准組合員の事業利用について、正組合員の事業利用との関係で一定のルールを導入する方向で検討する。

注）以上のまとめについては、筆者の解釈を含んでいる。たとえば、「実施計画」では　農業専門的運営への転換などといっていないが、これは問題を明らかにするための筆者流の表現である。

ＪＡグループで頻繁に使われている自己改革という言葉の意味は、政府によればこの仮説的グランドデザインを二〇一九年五月までに確実に実行せよということである。現時点（二〇一九年一月現在）でその結果を概観すれば、次のようになる。

① ＪＡを農業専門的運営に転換する

総合ＪＡを解体して専門農協にすることにはなっていないが、農協法の改正によって、ＪＡ

の営農・経済事業分野については、営利追求ともとれる規定が新たに設けられた。

②ＪＡからの信用・共済事業分離、および連合会等の株式会社化について

このことについては、いずれも実現してはいない。全農のＪＡ出資の株式会社化については、ＪＡの経済事業部門の多くが赤字であることを考えれば、赤字部門を統合する株式会社化は不可能であろう。

他方、必要な事業についてはすでに株式会社化が進んでおり、全農には、すでに一〇〇社を超える子会社が存在している。

農林中金の株式会社化～普通銀行への転換の方向はとられず、ＪＡ信用事業の農林中金への事業譲渡・代理店化に絞って検討が進められている。代理店化については、現在組織討議が行われており、二〇一九年五月に組織討議の結果を集約することになっている。

代理店化の道を選択するＪＡはほとんどないと考えられるが、代理店とする体制はすでに整えられており、中央会監査から公認会計士監査への移行や、准組合員の事業利用規制などとの関連で、代理店化への環境づくりは着々と整えられてきている。

共済事業については、ペーパーレスなど事務の合理化などが課題とされているが、これは本

質的な問題ではない。共済連の株式会社化については、むしろ実態が先行している。契約の元受けは、JA・連合会の共同となっているものの、共済にかかるリスクのほとんどは連合会に移管されており、いつでも会社化できる素地はできていると考えられる。

共済連の株式会社化への対抗策としては、協同組合的事業展開・特性の発揮は、Plan・Do・Seeの起点が単位JAにあることを認識し、それを実行できる体制の整備を考えておかなければならない。

③JA理事の過半を認定農業者・農産物販売や経営のプロとする

この問題については、JA側も農業者が理事になってもらいたいという意向はもともと強いと思われる。だが、そのような者を理事として確保するのがむずかしいというのが実情であろう。

農協法改正に伴う認定農業者・農産物販売や経営のプロについての農水省の解釈も、実態に合わせて弾力的になっている。JAとして、今後ともできるだけ農業現場に近い者を理事に迎える努力をすべきである。

④中央会制度について、JAの自立を前提として、現行の制度から自律的な新制度へ移行する

この問題については、当初の思惑を超えて一気に決着がつけられた。旧農協法第三章に規定されていた中央会制度は、「削除」というたった二文字で完璧に葬り去られた。これにともない、中央会監査も公認会計士監査に置き換わった。[7]この影響は、今後のＪＡ運動にとって、計り知れないものと覚悟すべきである。

⑤准組合員の事業利用について、正組合員の事業利用との関係で一定のルールを導入する方向で検討する

この問題は、二〇二一年四月以降に結論が先送りされた。全中は、制度としての准組合員問題を、組織の既得権益と考えて政治的解決を図ろうとしているが、こうした姿勢だけでは事態を見誤ることになるだろう。

この問題は、総体として准組合員の数が正組合員の数を上回るという状況の中で、ＪＡの将来像をどのように考えるかが問われている問題としてとらえることが肝要である。

7　中央会制度の廃止について…二〇一五（平成二七）年の農協法改正において、「全中、県中とも後継組織が業務を行うに当たり法的裏付けは必要ない」「全中監査の義務付けは廃止することが必要である」（いずれも規制改革会議平成二六年一一月一二日「農業協同組合の見直しに関する意見」）や「単位農協の自由な経営展開を尊重」（農協改革等法案検討ＰＴ平成二七年一月二九日）等の意見を踏まえて、これまでの農協法上の農協中央会制度は廃止され、二〇一九年一〇月一日までの間に組織変更することとなった。

全中は一般社団法人に（改正法附則第二一条）、都道府県中は非出資の農協連合会に組織変更することになる（同法附則第一二条）。なお、中央会制度は廃止されるが、都道府県中はこれまで同様組織・事業・経営の相談、監査、会員の意見の代表、総合調整の事業を行う間は、農業協同組合中央会の名称を使用でき（同法附則第一八条）、全中は社員である組合の意見の代表と総合調整の事業を行う間は、全国農業協同組合中央会の名称を使用できることとされた（同法附則第二六条）。

会員である組合の求めに応じてする業務監査は、県中の事業として残されたが、中央会監査制度そのものが廃止されたことから、全中のJA全国監査機構監査は、全中の一般社団法人化に併せて立ち上げることとなる新たな監査法人へ機能移管（二〇一九年度から本格稼働予定）することになる。

第2章

変革

1 新生ＪＡのカタチ
〜農業に対する意識改革

これからの新たなＪＡの姿を考える場合、問題の切り口を従来のように職能か地域かで論ずることは意味がないことがわかった。職能をことさらに強調すれば、ＪＡは専門農協が良いということになり、総合ＪＡは解体すべきということになる。

また、ＪＡにおける農家以外の組合員の存在を認め、ことさらに地域性を強調すれば、その部分はＪＡ以外の信用組合や生協に組織替えすべきということになり、これまた総合ＪＡは解体の道を辿ることになる。

このように考えると、これからのＪＡのあり方を論ずるためには、職能組合論や地域組合論に代わる新たな切り口が必要になるが、その場合、今さらながら、ＪＡの存在目的が、農協法第一条によって農業振興となっていることに着目すべきであろう。農業振興はＪＡの原点であり、この点を切り口に新しいＪＡのあり方を考えることについて異論のある者は少ないだろう。

そこで、農業振興を切り口にして、新しいＪＡの姿を考えてみることにしたい。

ここで問題になるのが、農業のとらえ方である。これからのＪＡを考える場合、農業をどのようにとらえるかで、その姿は大きく変わってくる。農業振興や農業の担い手は農業者・農家だけであり、その人たちのみによって農業は支えられているという考えに立てば、ＪＡは専門農協になればいいという結論になる。

他方、農業は農業者・農家だけでなく、食や地域活動によって支えられる存在だという考えに立てば、ＪＡのあり方はよほど変わったものになる。

ここで参考とすべきは、「農業基本法」に代わって一九九九年に制定された「食料・農業・農村基本法」である。この法律は、「食料の安定供給の確保」「多面的機能の発揮」「農業の持続的発展」「農村の振興」などを基本理念とするものだが、法律名にあるように、農業振興には農業生産に加え、食料および地域の観点が重要なことを示している。

そもそも農業はその特性から、産業ばかりではなく生業の性格を併せ持つものとしてとらえられる。このことから、農業政策も産業政策とともに地域政策の両方が位置づけられてきた。

このように考えれば、農協政策も農業生産面と地域活動面、また食の面からのアプローチが必要ということになる。それは、農（正組合員）と食（准組合員）および地域活動（総合事業）で農業振興を支えるという、われわれが構想する[8]**総合ＪＡの将来ビジョン**と完全に一致する。

だとすれば、今後のＪＡ運営において、准組合員はＪＡにとって正組合員と異質な存在ではなく、農業振興の同志・食や地域活動の面からの主役として位置づけることこそが重要ということになる。農業を食料および地域と一体のものと考えれば、それはＪＡにおいて、正組合員だけでなく准組合員を抜きにして考えることはできないからだ。

准組合員は、これまでの地域組合論で説明されるような、ＪＡにとって正組合員とは異質な存在であるという理解からは、新しいＪＡの姿を構想することはできない。

ＪＡは農業振興を旨とする協同組合であるが、その役割を果たすためには、一人農業者・農家だけではなく、食や地域活動の面から准組合員の存在が必要であると主張することによってはじめて、ＪＡの社会的意義を国民に対して説明できるのではないだろうか。

これまでのＪＡ論は、ＪＡは農業振興とともに地域にとって必要だという二軸論に立つ考え方であったが、これからは、これに代わる正組合員と准組合員が一体となって農業振興に取り組むという、新たなＪＡのカタチを構想したＪＡ運動の展開が求められている。

一方で、農業を支えるのは農業者・農家であり、したがってＪＡの運営も農業者・農家で行うべきで、准組合員は主役たりえないという考え方は、実は農水省もＪＡグループも同様であり、こうした、これまでのいわば伝統的・常識的とも言える考え方を転換していくことが求められる。だが、こうした意識を変えて行くことは容易ではなく、ここに、今次ＪＡ改革のむずかしさがあるといってよく、農業に対する意識転換こそが、今次ＪＡ改革の基本課題である。

一方で、戦後七〇年、ここまで総合ＪＡ・准組合員の制度が続いてきたのは、ＪＡグループのみならず、国もこの仕組みが農業振興にとって意義あるものと認めてきたことの証であり、今後とも、**総合[9]ＪＡと准組合員の仕組みを、農業振興に生かす議論を続けて行くべきである。**

8 「農と食および地域活動（ＪＡ活動・総合事業）を通じて農業振興に貢献し、豊かな地域社会の建設をめざす」というのが新総合ＪＡビジョンの考え方である。そのポイントは、農は生産面・正組合員、食は消費面・准組合員が担うということにある。これは、新しいＪＡの経営理念になるものである。

9 食の面は、消費者が担う分野であり、それは生協等別の組織の役割ではないかという意見が出てきそうである。しかし、ＪＡの准組合員は、消費生活全般にわたってＪＡに関わる存在ではなく、食とＪＡ活動を通じて農業振興に貢献する者と考えれば、一般消費者とは異なる存在と理解できる。

2 なぜ地域組合の立場をとってきたか
～問われているＪＡの組織的性格

ＪＡはこれまで地域組合の立場をとってきた。いまＪＡが進めている自己改革でも、ＪＡは職能組合であると同時に地域組合の性格を持つ組織であるという立場を崩していない。

それでは、なぜＪＡは地域組合の立場をとってきたのか。それはいうまでもなく、ＪＡは准組合員制度により、地域内の居住者をその職業のいかんにかかわらず組織することができたのであり、法律の趣旨を忠実に自らの組織のあり方として主張してきたのである。

その意味では、ＪＡが自らを地域組合の側面を有する組織と主張してきたことはまったく正しいし、そのもとで准組合員加入の促進など准組合員対策を講じてきたことは何ら指弾されることではない。

このように考えると、法律でその存在が保障されている准組合員に対して事業利用規制をかけるのは、まったく不当なことといえる。

また、ＪＡが自らを地域組合と主張するには、もう一つの理由がある。それは農業振興の困難さである。農業の重要性を否定する人はいないが、実際の農業経営は厳しく、農業従事者は減少の一途をたどってきている。そのことを反映して、ＪＡ経営も営農・経済事業の多くは赤字だ。ＪＡは、農業振興を第一義とする組織であることは理解できても、ＪＡが農業振興に注力すればするほどＪＡ経営は立ち行かなくなる。農業が厳しい立場におかれているのは、農業政策によるものでＪＡのせいではない、農業不振の理由をＪＡに押し付けられるのはご免こうむりたいという思いは強い。

また、このことと関連があろうが、地域組合論を唱えることが農業振興のみならず、協同組合運動一般を賛歌するのに何かにつけて好都合で、ＪＡ役職員を勇気づけるものであったからだ。

これまで、地域組合論の行き詰まりを述べてきたが、実のところ、今回の農協改革までは、筆者もどちらかといえば地域組合論の立場をとってきた。それは実務者の立場から農業振興はきれいごとではなく、一筋縄ではいかないことをよく理解できたからだ。

加えて、農家以外の地域住民が准組合員として認められているのだから、ＪＡの存在はその数によって左右されるべきではないという発言もしてきた。

また、一時期は組合員資格を問わない産業組合への回帰さえ考えたこともあったが、戦後、職能別に再編された協同組合法制の歴史の歯車を逆に回すことは不可能であり、また、そうすることが農業振興には必ずしも結び付かないことに気付くのにそう時間はかからなかった。

この点について、学者・研究者の中には、いまだにJAは、産業組合に回帰すべきと真顔で主張する人もいるし、この際、統一協同組合法をつくることを政府に要請したらどうかなどと、当面の課題解決にはつながらない、見当違いな発言をする人もいる。

筆者は、かつては、地域組合論ともとれるようなそのような発言をしてきたが、一方で、今回政府から准組合員の事業利用規制問題が打ち出されて以来、従来の地域組合論では対応ができないことを感じており、その思いは日々強くなっている。

その理由は、いうまでもなく、JAの准組合員数が総体として正組合員の数を上回り、しかも年々その傾向が強くなってきているということだ。JA内では、これまで、法律に基づいて准組合員対策を進めてきているのであり、政府の事業利用規制は不当だという空気が強い。

しかし、そのことと、准組合員数が組織の過半を占めるようになって、それが組織の変質ととられ、国民からＪＡは本来どのような組織であるのかを問われることになることとは別問題である。

また、ＪＡが取ってきた准組合員対策は、本来の農業振興とは関係なく、員外利用制限を逃れるために、おもに信用・共済事業を伸長するために行われてきたことも事実であり、こうした面からも、ＪＡの組織的性格が問われているというべきである。

ＪＡは准組合員利用による信用・共済事業の収益が農業振興を支えているのだという准組合員制度の正当性を主張するのに加え、そもそもＪＡとはどのような組織かを改めて組織の内外に明らかにすべきことが必要になってきている。

それはまた、厳しい金融環境や少子高齢化が進むなか、信用・共済事業の収益に依存しない農業振興のあり方を示すことでもある。准組合員問題の深刻さは、ＪＡないし全中が自民党インナー政治のもとで中央会制度の廃止と引き換えにしたほどで、自身がそのことをよくわかっているにもかかわらず、ＪＡのあり方の根本問題が議論されないのはどうしたことか。

ＪＡグループは、准組合員数が総体として正組合員の数を上回り、しかも年々その傾向が強くなってきているという事態をもっと重く受け止めるべきである。

3 新生ＪＡは一・五％産業の守護者
～またとない農業振興の装置

農業振興を、農業者だけでなく准組合員も含めて考えるべきだという新しいＪＡの姿を考えることについて、それは、しょせんＪＡ組織の自己保身ではないかという批判が返ってきそうである。

新生ＪＡを構想していくことは、たしかにそのような面も否定はできないが、それ以上にＪＡが持つ社会的効用を訴えて世論形成をしていくことが重要となる。

そのポイントはいうまでもなく、農業に対する国民理解の醸成である。アベノミクスで、農業は産業として自立すべきとされ競争原理による政策が進められているが、このような議論は一九六〇年代の日本の高度経済成長期から続いている。だが、そもそも農業という産業は、他の産業と同一視されるべきものではない。

歴史上、**農業革命**[10]に続いて起こった産業革命は、基本的には便利さを追求する工業革命であり、自然に働きかける農業などの一次産業は多くの面で対象の外にあったし、今後も他の産業と同じ範疇で考えられるべきものではない。

農業革命は、いまから一万五千年ぐらい前に起こったとされ、産業革命後の社会は、たかだか二〇〇年あまりの歴史しか持たない。しかし、現実には農業は他の産業と同一視され、とくに経済指標として国民総生産という共通の価値尺度が使用される。

この結果、国民総生産における農業の粗生産額は、わが国では一・五％程度にしか過ぎず、こうした傾向はわが国に限らず、先進資本主義国家と言われる国々に共通するものだ。

ＴＰＰの交渉推進にあたり、当時の政権与党だった民主党の前原誠司外相が、たった一・五％産業である農業のために全体を犠牲にするわけにはいかないと発言し、ひんしゅくを買ったのは記憶に新しい。

一方で、農業の重要性については、国民が等しく認識するもので、政党なども農業はなくてはならないものだと主張する。他方、そうした認識・努力にもかかわらず、農業が置かれた立場は苦しくなるばかりだ。

ＴＰＰ交渉における農産品五品目について、わが国の聖域が守られたとは到底いえるものではなかった。また、二〇一八年九月二六日のトランプ大領と安倍首相の首脳会談において合意された、日米二国間物品貿易協定（TAG）交渉（実は日米FTA交渉といわれる）において、日本は、農産品についてTPP協定を念頭に、過去の経済連携協定（EPA）で約束した譲許内容が最大限としているが、自動車の追加関税を人質に取られた政府は、農産品について、少なくともTPP以上の内容を迫られることは必至の情勢である。

こうした農業攻撃にどのように対処していくべきか。その基本は、対米従属外交姿勢の転換をはかるしかないが、そのためには日本における食料主権の国内合意の確立が必要となる。

ここでJAが、農業という一・五％産業を支える組織として自らの立ち位置を明確にし、食料の安全保障、食料主権の国民合意の確立に向けその中心的な運動展開の役割を果たしていくことが重要である。全中でも食料の安全保障など食料主権確立の運動を提起している。

その際、准組合員を食の面から農業振興の同志と位置づけ、その主体となってもらうことが、もっとも現実的かつ有効な方策となる。JAが正組合員とともに、准組合員を農業振興の同志と位置づけることは、正准合わせて一千万人組合員の勢力を食料主権確立運動のコアに位置づけることになる。

もちろん、准組合員制度の本来的な目的は、戦後の農協法制定にともない、戦前の産業組合時代の農家ではない組合員を農協に包含するために設けられたものだが、時代の変遷にあわせ、その位置づけを農業振興に切り替えて行くことは意義あることではないのか。

地域全体の総合ＪＡから、農業振興のための総合ＪＡへの転換、言い換えれば、農と食ならびに、地域活動（総合事業の展開）による農業振興の取り組みへの転換は、時代の要請と考えるべきであろう。

総合ＪＡ・准組合員制度という得難い装置は、そうでなくても困難な農業振興に大きな力になるのであり、ＪＡはそのことにかけるべきである。総合ＪＡという装置をみすみすなくし、准組合員を見離してしまうことは、農業振興にとって、誠にもったいないというべきである。

また、食料主権確立の運動はＪＡ内にとどめず、広く生協や漁協、消費者の皆さんとの連携のもとに進められなければならないことは当然のことである。

10　ここでいう農業革命は、一八世紀後半からの産業革命による三圃式農法やエンクロージャーなどの改革をさすのではなく、人類がそれまでの狩猟生活から定住による農耕生活に移行していくことを指す。

4 農業振興に不可欠なＪＡ
～双子の兄弟という稀有な存在

一九〇〇（明治三三）年に制定されたわが国の産業組合法は、アジアで最初の協同組合法といわれ、文字通り当時の日本におけるオール産業を対象にした協同組合法である。産業組合は、その二次改正において四種兼営事業（利用、購買、販売、信用）が認められることになった。

その理由は、同一地区内の組合員が四種類の組合にそれぞれ加入することは煩雑であり、また組合運営も同一人が兼務することは適切ではないということで、四種兼営にした方が合理的という判断によるものとされる。以上のことは、すでに述べた。

その後、信用事業の兼営が問題とされたのは、第二次大戦後のＧＨＱによる農協法の制定時であった。アメリカにおける協同組合は、業種別につくられることが一般的であり、農協に信用事業を認めることはできないとして、日本政府との間で激しいやり取りがあった。

しかし最終的には、わが国の農業経営が稲作中心で、地域全体を運営するには信用事業を認めることが現実的との判断で、アメリカもこれを認めることになった。以来、わが国においては、信用事業の兼営はＪＡのほか、漁協でしか認められていない。いわば、ＪＡにおける信用事業の兼営は特別の扱いであり、農協のあるべき姿として、古くから、ことあるごとに信用事業の分離が唱えられてきた。

今回の農協改革でも、主要課題の一つは、ＪＡからの信用事業分離といって良い。経済の進化で、業態間の垣根が低くなるなか、コンビニエンスストアや量販店などでＡＴＭ（現金自動預払機）が設置されており、信用事業の兼営はＪＡや漁協だけではないのではと考える向きもあろうが、これは信用事業の兼営ではない。

信用事業、言い換えれば金融業は、文字通りお金を融通することがその本旨であり、貸出業務を行わないコンビニなどは、信用事業を兼営しているとは言わない。

ＪＡの役職員にとって、このような総合ＪＡの存在は法律で保証されており、いってみれば空気や水のように当たり前のことと思われているが、世間的に見れば極めてまれな存在であるという意識を持つことが、この問題を考えるのに欠かせない。

東南アジアなどを中心に、ファイナンス上の理由から、信用事業を兼営する協同組合は数多くあるが、日本のような准組合員制度とセットの協同組合はそう多くはないと思われる。

このことは、信用事業の兼営と、准組合員制度（産業組合が生んだ双子の兄弟）に支えられる総合ＪＡのカタチを維持することは、自らの不断の努力と国民に対する理解・説得力を持つことが必要なことを物語っている。

これまでの歴史的経過を見れば、総合農協という存在は、地域社会と不離一体の存在であり、ＪＡ関係者からみれば、ＪＡは農協法の第一条で定められた農業振興を目的とする組織というより、准組合員制度とあいまって、むしろ地域住民のためのインフラ組織という色彩が強いものだったと言って良いだろう。

総合ＪＡの存在は、いわば地域に同質の地域住民・組合員が存在し、かつ地域のインフラが整っていない条件のもとで存在が認められてきたといっていいものだ。

しかし、現実の姿を見れば、この二つの条件はもうとっくの昔に過去のものとなっている。地域には農業に関係のない異質の地域住民が混在し、インフラについても、よほど辺ぴな地域を除いて整備が進んでいる。

そこで、いま求められているのは、准組合員制度を含む総合ＪＡ自らの新たな存在意義の模索である。今次農協改革でＪＡに問われているのは、この一点にあるといっていい。

新たな総合ＪＡの存在意義とは、いうまでもなく農業振興への貢献である。農業振興にとって、総合ＪＡの仕組み（総合事業と准組合員）は得難いものであり、この仕組みは、一旦壊れれば二度と元には戻らない。ＪＡグループは、このことを広く国民に理解してもらうことが肝要である。

5 レイドロー報告と農業振興
～地域へのかかわり

一九九五年の協同組合原則で、新たに第七原則として「地域へのかかわり」が追加された。これは、一九八〇年の第二七回ICAモスクワ大会で行われた「レイドロー報告」（西暦二〇〇〇年における協同組合）に由来する。

ICAはモスクワ大会の主要テーマに、「西暦二〇〇〇年の協同組合」を掲げ、その基調報告の資料をカナダの協同組合運動家・研究者であるA・レイドロー博士（一九〇七～一九八〇年）に依頼した。その内容が「レイドロー報告」といわれるものだ。

「レイドロー報告」は、一九六〇～一九七〇年代の国際協同組合運動の批判・反省のうえに立つものとして評価が高い。この報告は、その後の一九八八年の第二九回大会「マルコス報告」、一九九二年第三〇回大会「ベーク報告」による協同組合の基本的価値の検討・協同組合原則の改訂提案を経て、一九九五年の第三一回大会（ICA一〇〇周年大会）における、「二一世紀における協同組合原則（九五年原則）」の制定に繋がっていく。

この報告で、レイドローは、それまでの運動を総括し、現代の協同組合運動は、（一）組合員からの信頼の危機、（二）経営の危機、（三）思想の危機に直面していることを指摘した。

そのうえで、今後、協同組合が取り組むべき課題として、「第一優先分野：世界の飢えを満たす協同組合」、「第二優先分野：生産的労働のための協同組合」、「第三優先分野：社会の保護者をめざす協同組合」、「第四優先分野：協同組合地域社会の建設」の四つの方向を提示した。

四つの分野は、次の四つの貢献を示している。第一分野は、全人類共通の食料問題への貢献、第二分野は、労働者生産協同組合による雇用問題への貢献、第三分野は、資本主義経済発展の下でのあらゆる意味での社会的保護への貢献、第四分野は地域社会への貢献である。

だが、さらにその後の状況を見れば、グローバル経済やネット社会の進展のもと、原発事故によるエネルギー問題や地球温暖化などの環境問題、多国籍企業による市場の寡占支配など、現代の協同組合はさらに多くの課題を抱えているのが現実だ。

ともあれ、ＪＡにおいて、レイドロー報告に大きな興味が持たれたのが、第四分野の地域社会への貢献であった。この報告の後、ＪＡ大会議案などでも地域社会への貢献などの文言が盛んに使われるようになった。

また、地域社会への貢献について、JA関係の多くの学者・研究者は大きな関心を持ち、支持を表明した。というのは、レイドローが指摘した地域社会への貢献は、日本の総合JAがそのモデルとされたからである。

筆者も、かつて「地域へのかかわり」が協同組合原則に盛り込まれたことを引き合いに、「世界が認めた日本の総合JA」などという言い方をしてきた。

しかし、支持者の内容を見ると、農協論の中でも、いわゆる地域組合論に立つ人が多いことがわかる。地域組合論に立つ人は、農業振興は二の次で、地域の組合員にサービスを提供するのが総合JAの役割だと説く。

地域組合論者には、レイドロー報告が、協同組合原則に取り入れられたのは、自らの主張が取り入れられ、また自らの主張をあと押しするものと映ったからだ。

全中が一九九七年に制定した「JA綱領」は、一九九五年の協同組合原則を下敷きにしており、提唱している内容は、農業と地域の二軸論がその背景にあるように思える。

たしかに、レイドローが言うように「現在の制度なり社会秩序に実質的変革をもたらそうとするならば、農村部では総合農協でなければならない。いかなる種類の協同組合も単一の組織ではそれは不可能であり、協同組合は各種事業を一つの協同組合に結集したものでなければならない」という指摘は当を得ている。

だが、この文章のなかでポイントは「農村部では総合農協でなければならない」というくだりだ。かつての農協の地域はほとんどが農村部であり、それがゆえに、わが国の農協は総合農協として説明することができた。

経済の発展により、現代の協同組合は先進資本主義諸国においては、ほとんどの場合、業種別に組織されてきている。それは、わが国においても例外ではなく、農協、漁協、生協など各種協同組合に分化を遂げてきている。

一方で、ＪＡは農村部から都市部まで全国を網羅し、レイドローが指摘した総合農協は農村部だけを存立基盤として成立している状況ではない。

したがって、地域性だけをもって、つまり地域組合論で総合ＪＡの存在意味を説明することには無理があり、地域性に加えて農と食という国民共通の価値観にたって、総合ＪＡは必要だという新しい理論を打ち立てて行くことが求められている。

6 新総合JAビジョンと事業
～農業振興のための生産と生活面のサポート

ＪＡが今後、農業振興を旨として新総合ＪＡビジョンのもとに運動を展開していく場合、問題になるのが、ＪＡが行っている事業との関係である。

農業振興を旨として、新総合ＪＡビジョンを進めて行けば、いずれ総合事業や准組合員制度は不要になるのではないかという懸念が生ずる。そこで新総合ＪＡビジョンと事業の関係について述べておきたい。

農業振興を旨とする協同組合は、生産・販売活動だけに専念すればいいという立場に立てば、ＪＡは営農指導、生産・販売事業に特化した専門農協になればいいということになる。

しかし、組合員の立場からいうと、組合員は営農と生活の両面をもっており、とくに、農村部においては、ＪＡの両面からのサポートが欠かせない。

このため、ＪＡグループでは、すでに一九七〇年の全国農協大会議案で「生活基本構想」を採択し、組合員にとって営農と生活は車の両輪として位置づけている。

この点について、[11]**農協法でも、「組合が農業者である組合員の事業・生活を支援する事業を共同で実施することを通じて農業振興をはかる」としている。**

それでは、ほとんどの場合、生産を行わない准組合員とＪＡ事業の関係をどのように考えればいいか。准組合員は、生活活動しか行わないという立場に立てば、生活活動に特化した部分は、信用組合や生協に移行すればいいということになる。

しかし、准組合員を食とＪＡ活動を通じて地域農業の振興に貢献する者として位置づければ、准組合員の生活活動をＪＡがサポートしていくのは意義あることではないだろうか。

とくに、ＪＡが准組合員の食の面から生活活動に取り組むことは、農業振興にとって重要である。信用・共済事業しか利用していない人々も、結果としてその収益で農業振興を支えているし、食やＪＡ活動を通じてさらに積極的に農業振興に貢献できる。

このように考えると、現在ＪＡが行っている総合事業は、正・准組合員にとって、いずれも正当性を持つことになる。正組合員であれ准組合員であれ、農業振興に貢献する者には、ＪＡは信用・共済などの総合事業を通じてこれを実現して行く責任があるからだ。

この点が多くの場合、事業単営である信用組合や生協（共済事業は兼営）と違う点と考えることができる。

結論的にいえば、いわゆる「二軸論」を排して、農業協同組合として運動を続ける場合にも、JAが正・准組合員を営農と生活の両面からサポートしていくことには変わりはない。

また、JAが事業を行う場合、JAは常に組合員の立場から事業を検証しておくことが重要である。JAの事業のうち、営農・経済事業については、組合員にとって農業所得の向上にとって必要なものだということが明白である。だが、信用（営農貸付等を除く）・共済などの事業は、組合員にとってどのような事業なのかは、必ずしも明らかにされていない。

このことは、JAの部門別損益計算書の書式でも明確で、JAの事業部門は、①信用、②共済、③農業関連事業、④生活その他事業、⑤営農指導事業等となっており、タテ割り官僚行政の姿勢が貫徹している。

こうした農水省の姿勢は、官僚組織としてある意味当然としても、組合員の営農・生活のサポートを旨とするJAにおいて、組合員と事業との関係が明らかにされないのは問題である。

JAの事業について、営農指導・経済事業が組合員の営農活動の一環として行われることは当然としても、信用・共済等の事業について、それが組合員にとって、どのような事業としてとらえられているのだろうか。ＪＡが行う信用・共済事業について、これは本来、組合員にとって生活活動の一環として行われているものなのだが、ＪＡにそういう認識は乏しい。

ＪＡの機構図を見ても、組合員の立場から事業統括本部として営農経済事業本部・生活事業本部という位置づけは見当たらない。かくいう筆者も、かつて、全中の生活担当部長としてこの問題に向き合ったが、一年という短期間のうちに、ＪＡの生活活動をどのように事業としてとらえるか、ついにわからなかったという苦い経験がある。

組合員主体の事業運営という認識と、それを実現する経営装置を持たなければ、規模拡大とともに信用・共済事業分離の素地が次第に拡大していくことになる。

協同組合理念をいくら唱えても、現場で組合員主体の経営が行われなければ、協同組合は死滅していく。

11　前掲の「農業協同組合法：逐条解説」参照。

7 JAの経営組織モデル
～ドメイン強化こそが課題

ＪＡとは、正確には総合ＪＡ（信用事業の兼営）のことをいう。それでは、総合ＪＡをどのように説明すればいいいか。総合ＪＡは日本農業の振興にとって誠に得難いビジネスモデルといって良いものだが、このモデルを合理的に説明したものが見当たらない。

そこで、ビジネスモデルとしての総合ＪＡを考えるにあたって、アメリカの経営学者Ｊ・Ｄ・トンプソン（一九二〇～一九七三年）が提唱したトンプソンモデルを引き合いにして、ビジネスモデルとしての総合ＪＡを説明する。

（図）ドメインの概念図

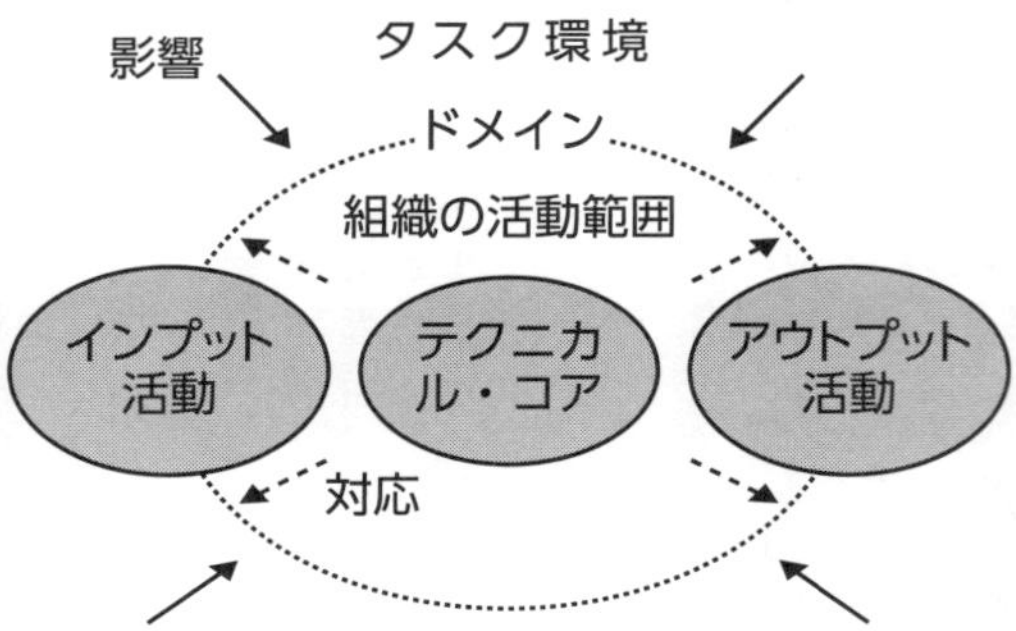

引用）大月博司・高橋正泰編「経営組織」学文社
2003年

このモデルによれば、組織は常に環境の不確実性に直面するが、それに対して確実性を要求する。これを具体的に説明すれば、組織の活動はインプット活動→テクノロジー→アウトプット活動という一連の活動として認識され、インプットとしての諸資源をアウトプット活動へと転換する組織の中核的なテクノロジー活動であるテクニカル・コア（組織の中核能力：筆者）から不確実性を可能な限り取り除くことによって組織の合理性が確保される。

そして、テクニカル・コアの不確実性を除去するために、環境との間に組織の境界を設定するが、これをドメイン（事業・活動領域）という。

ＪＡは正確には、総合農業協同組合であるが、これをこのモデルに当てはめれば、テクニカル・コアは協同活動であり、ドメインは農業振興と総合事業であると説明できる。つまり、ＪＡは組織の中核能力を協同活動とし、その活動を守るために農業振興と総合事業という事業領域を有する組織と理解できる。

この組織モデルをもとに、今回の農協改革を考えると、次のようなことが指摘できる。

一つは、農協改革について、われわれが求められている課題認識である。

今回の農協改革は、イコールフッティングの名のもとに協同組合否定の考え方が貫かれているが、これに対抗するには、このモデルの説明から、総合農協のテクニカル・コアたる協同活動を守るために、ドメインたる農業振興と総合事業についてその対抗・強化策を考えればならないと結論づけられる。

農協改革に関する学者・研究者の意見は、農業協同組合は協同組合であるとか、この際、統一協同組合法を考えるべきであるとかの協同組合への回帰思考が強くみられるようだが、こうした思考は協同組合の正当性を主張するだけであたり前のことであり、当面する課題の解決にはつながらない。

今回の農協改革でわれわれに問われているのは、JA組織のドメインの強化たる抜本的な農業振興の方策であり、また同じくドメインの強化たる総合事業を強化していくためのビジネスモデルの構築と認識すべきである。

同時に、今回の農協改革に対抗していくには、従来路線の協同活動の強化たる教育文化活動だけでは限界があることを意味している。

また、このモデルは、環境の劇的変化にはもろいという特徴を持っている。経営学における組織論には、環境に対してクローズドな理論とオープンな理論があり、前者の理論にはF・テイラー（一八五六～一九一五年）の科学的管理法、M・ウエーバー（一八六四～一九二〇年）の官僚論などがあり、組織は環境変化に関わりなく一定の原理で存在していく。

また後者は、コンティンジェンシー理論（環境適応理論・Contingency theory）と呼ばれ、組織は環境に適応していくためその姿を変えて行く。前述のトンプソンモデルは、このうちの環境適応理論の先駆的かつ古典的研究成果とされている。

トンプソンモデルで説明したJA組織のドメインは、農業振興と総合事業であるが、これはいずれも農協法で保証されており、その意味でJAは極めて強固な組織といえる。

だが半面で、それは法律やその運用が変われば、JAはたちまち窮地に陥るということでもある。今回の農協改革はそのことを如実に物語っている。そうした意味からも、JAには法律に依存するだけではない自立的で自主的なドメイン強化の方策の確立が求められている。

8 ビジネスモデルの重要性
〜一つのビジネスモデルは一〇〇の理念に勝る

およそ組織は、理念・特質・運営方法の三つの要素によって成立する。これは株式会社、政府などの公的機関、ＪＡなどの非営利組織に共通するものである。

理念とは組織の目的・考え方、特質とは組織の体質、運営方法とは組織の技（ワザ）を意味する。

日本でも古くから、あの選手は心・技・体が充実しているなどというが、この場合、心が理念、技がワザ、体が特質と例えることができる。このうち重要なのは運営方法であり、技である。これを今風に言い換えれば、ビジネスモデルということもできる。

一八四四年に設立されたロッチデール組合（いまの生活協同組合）が、世界最初の協同組合といわれるのは、ロッチデール組合の店舗の運営規約（組織の運営方法・技）がもとになって、グローバルスタンダードとしての「協同組合原則」（世界共通の協同組合の運営方法・技）がつくられてきたからである。

ロッチデール組合の成功は、地域（コミュニティー）全体を豊かにする構想があったと理念面を強調する向きもあるが、基本的にはその運営方法が決め手になったと筆者は考えている。協同組合の理念の提唱と実践は、ロッチデール組合の設立に先駆けてロバートオウエンによって、主に彼が経営するニュー・ラナークの紡績工場を舞台として行われた（ニュー・ラナーク工場の実験）。

しかし、ロッチデール組合の運営規約のように、彼が実践したことを基にしたものが、普遍的な協同組合原則として直接、後世につながっていくことはなかった。

その意味で彼は協同組合の父と呼ばれても、協同組合の創始者とはなりえず、協同組合理念の提唱者・実践者という地位に止まったのである。

ちなみに、協同組合の先駆者といわれる人たちに共通するのは、彼らが協同組合の理念の提唱者に止まらず優れた協同組合の実践者であり、今日に続く協同組合、もしくは社会一般に通用するビジネスモデルの構築者・起業家であったということである。

たとえば、わが国の最初の協同組合として法制化された産業協同組合法の手本にされたのはドイツ・ライファイゼン系の農村信用組合であるが、その基をつくったのは、F・ライファイゼン（一八一八～一八八八年）が設立した貧農救済組合（無限責任による貸付組合）であった。

これは、今日のドイツ・ライファイゼン銀行や、わが国の農林中央金庫の前身である産業組合中央金庫の設立につながるビジネスモデルとなっている。

また、協同組合のみならず、わが国のあらゆる企業の思想的先駆者ともいえる二宮尊徳（一七八七～一八五六年）は、五常講（儒教の仁・義・礼・智・信の道義と経済を一体化した協同信用組織―報徳社）をつくったが、これも後のわが国銀行制度のビジネスモデルとなったといわれている。

さらに、わが国の戦前・戦後（第二次大戦）を通じて協同組合の発展につくした賀川豊彦（一八八八～一九六〇年）も、多くの信用組合や消費組合などの設立を手掛け、また戦後の共済の先駆けとなった共栄火災を設立している。

彼らは、いずれも博愛主義による協同組合理念の持ち主であると同時に、一様に協同組合ビジネスモデルの構築者・起業家であった。

このように見て行くと、協同組合の世界においても、まことに一〇〇の理念より一つのビジネスモデルが勝るということができる。

ＩＣＡによる協同組合原則も、当初のロッチデール組合の店舗の運営規約（運営方法）をもとに諸原則がつくられてきたが、現在の一九九五年原則でようやく組織の理念として〈価値〉を、組織の特質として〈定義〉を、その前文に盛り込んだ。

このような協同組合原則の変遷過程を見ても、運営方法・技が先行し、後から理念・特質がついて行っている事情が伺える。

ひるがえって、今時農協改革におけるＪＡの取り組みスタンスをどのように考えればよいか。

その一つは、協同組合・総合ＪＡ否定の安倍政権への批判である。いまの安倍政権は、競争一辺倒の政策運営で、経済的強者と弱者の間で一層の格差拡大を招いている。

こうした遠くてわかりやすい敵に対しては、最終的には選挙で対抗していくしか方法はない。選挙による政権交代だ。問題はもう一つの対抗策であるが、それは批判だけでなく自ら協同組合のビジネスモデルを構築してこれに対抗していくことである。

ＪＡのビジネスモデルの構築については、すでに多くのＪＡで取り組まれており、農業振興の面における代表的なものには、集落営農やＪＡ出資の農業生産法人があり、また農産物の直売所等がある。

とくに、農産物直売所についていえば、平成二一年度の農水省調査ですでに、全国で一六，八一六店舗、取扱高八，七六七億円となり、急成長を遂げてきている。

まずは、こうした農業生産・販売面におけるビジネスモデルを広く国民に知ってもらい、理解を求める努力が必要だ。

一方で、ＪＡによる農業生産面におけるこれらのビジネスモデルについては、組合員がその責任をすべて負う仕組みとなっているのが特徴的であり、今後は生産・営農指導面でＪＡ自らがリスクを負っていく、さらに踏み込んだ取り組みが必要になっているように思える。

農業振興については、もはや個人の力では不可能なほど地域農業は荒廃している。一方で、地域における農業振興のためのヒト、モノ、カネの条件を備えているのは、ＪＡだけといっていい。

したがって、従来のようなＪＡ・連合会の段階別・事業別機能分担にこだわることなく、ＪＡグループ（ＪＡ・全農・共済連・農林中金等）が一丸となって農業生産の現場に進出し、全国でモデル農場を展開していく構想を持ち、推進していくなどの取り組みが求められているのではないか。

こうした取り組みは、国民に対してインパクトを持ち、わかりやすいものでもある。

また、農業振興とともに重要な課題となっている准組合員対策については、旧来モデルを守ることだけではなく、新たなビジネスモデルを構築していくという観点に立って、取り組みを進めて行くことが重要である。

9 イコールフッティング ～一国三制度

一国二制度は、香港の中国返還にあたり、中国共産党政権下で香港には資本主義経済を容認するという意味でつかわれた。だが、世の中は一国二制度ならぬ、一国三制度で運営されていることに気付いている人は少ないように思える。

今次農協改革のキーワードは、イコールフッティングである。イコールフッティングとは、同じ立場ということを意味する。政府は今次農協改革において、あらゆる場面においてこのキーワードを駆使して自らの要求を押し通してきた。

それは、現実的にどのようなことを意味するのか。協同組合の立場から考えてみる。協同組合についてのイコールフッティングは、経済的に効率が悪いから協同組合も会社と同じように運営しろというものである。

このイコールフッティング論に、ＪＡ側は研究者を含めてたじたじの体で、多くの場面でこれを論破することができなかった。イコールフッティングの考えの背景には、助け合いの原理よりは競争の原理が優れているという間違った思い込みがある。

だが、もともと協同組合は人間の本性（Human Nature）である助け合いの原理に基づいてつくられた組織であり、そもそも会社や、お役所（官僚組織）とは社会に対する役割が違う。

協同組合は、グローバルスタンダード（世界標準）としての協同組合原則（ＩＣＡ・国際協同組合同盟作成）を持っているが、これは、基本的には協同組合の運営方法を定めたものであり、現在の原則には、資本に対する利子制限など七つの原則がある。

世界の三大組織である①協同組合、②会社、③行政機関は、それぞれ独自の運営方法を持っており、そうした意味では、それぞれの国において、これらの三つの運営方法を取り入れた、一国三制度の仕組みが働いていると考えるべきである。

ＪＡはじめ協同組合に属する人々は、このことをしっかり認識して政府・政党・世論等と対峙してメッセージを発していくことが重要である。

このことについて、たとえばＪＡの公認会計士監査への移行問題について、次のように考えることができる。結論から言えば、今回の措置は、協同組合たるＪＡという組織が持つ運営の独自性をまったく無視するもので、いずれ修正が必要とされるべきものと考えられる。

　この問題の本質は、両者における監査目的の相違にある。公認会計士監査が、不特定多数を対象とした投資家の投資判断に資するため、会社組織が適正に運営された結果、財務諸表が適正に作成されたか否かを検証することを目的として行われるのに対して、中央会監査は、財務諸表の適正表示はもちろんのこと、ＪＡが協同組合としてメンバーたる組合員に対して適切なサービスを提供し満足を得られたかどうかを検証するために行われる。

　言い換えれば、基本的に、会社は営利、協同組合は非営利原則によって運営されるのであり、監査の目的も、会社組織と協同組合ではそれぞれに違う。したがって、これをイコールフッティングとして、同じ監査基準で監査するのはおかしい。

　監査を公認会計士が行うか農協監査士が行うかは、本質的な問題ではない。まして、中央会監査が業務監査を行うから公認会計士監査とは違って意義があると主張するのは著しく説得力に欠ける議論というべきだ。

　また、政府が説明するように、中央会監査は公認会計士監査に比べて信頼性が劣るとか、生協がすでに公認会計士監査に移行しているからというのも間違っている。

中央会監査から公認会計士監査への移行にあたっての政府・与党との議論で、ＪＡは業務監査を行っていることに有意性があると主張したが、政府が説明するイコールフッティング論を覆すことはできなかった。それは、相手をこの本質議論に巻き込むことができなかったことによる。

なぜ、ＪＡが公認会計士監査に移行せざるを得なかったのか総括が必要であるが、その主たる原因は、ＪＡが協同組合として独自の監査基準を持っていなかったことにあったといえよう。現実に中央会監査で行われている監査基準は、基本的に公認会計士監査における監査基準と同じなのである。

この問題を以上のように考えれば、今後の対処方向としては公認会計士移行後もＪＡは他の協同組合と連携し、助け合いという組織目的を持つ協同組合独自の監査基準（非営利法人を対象とした監査基準）の策定を急ぐべきだということになる。

協同組合として独自の運営基準を主張していかなければ、協同組合としてのＪＡの存続はむずかしくなってくる。

ちなみに、ＪＡ系統とみなされる「みのり監査法人」は、自らの監査の特色を、業務監査を並行して行うことができるとしているようだが、本質的な対応策は別にあると考えるべきである。

また、監査問題以外の株式会社への移行問題について、たとえば会社組織の本店中心の集権的なやり方を協同組合に押し付けるのも大きな間違いである。

協同組合の組織運営の基本である集中・分権的なやり方と会社運営の基本である集中・集権的なやり方は、それぞれが特徴を持っており一概にどちらがいいとは言えない。協同組合の運営が有効なことは、リーマンショック時の日本のＪＡでも証明されたことは記憶に新しい（農林中金の資本不足へのＪＡの資本支援）。

また、信用事業を兼営する総合ＪＡの仕組みは農業振興にとって不可欠で、これをイコールフッティングとして排するのは国益に反する。さらに、農業についても、イコールフッティングとして産業としての確立を他の企業と同様に考えるのもフェアではない。

いずれにしても、ＪＡはこれまで政府の支援下にあったことから、自らの主張について深く考える必要がなかったように思える。今後は、自らの主張と他への説得力が生き残りの決め手になる。

10 低迷するJA運動

〜旧来運動モデルの転換を

第二八回JA全国大会が、二〇一九年三月七日に開催された。テーマは「創造的自己改革の実践」で、五年間とされた改革集中推進期間の期日が五月に迫る時期であった。

この大会議案は向こう三か年のJAグループの運動方向を決めることになるのだが、その内容は基本的に四年半前の二〇一四年一一月六日に全中がまとめた自己改革と同じものだった。

これで、中央会制度の廃止・崩壊という、かってない環境変化のなかで、都合七年半にわたり、環境変化以前の方針が続くことになる。

また、こうした方針のもとに、今後に残されている最大の課題の准組合員の事業利用規制問題について、いまJAグループがとっている戦略は、JAが持つ組織の既得権益、つまるところ、信用・共済事業の兼営と准組合員制度で大きく成長してきた自身の成功ビジネスモデルを、自民党・官邸頼りの旧来型インナー対応モデルで守ろうとするものとなっている。

こうした戦略は、農協改革緒戦の戦いにおいて、中央会制度の廃止という敗北の結果を招いたのと同じ戦略パターンであり、普通に考えて、同じ戦略からは同じ結果しか生まれない。

しかも、全中は、准組合員問題について、事業利用規制反対の根拠として地域インフラ論を掲げているが、これは、政府に対してインフラが整っている地域のＪＡについては、規制をかけても良いという口実を与える結果にさえなっている。

政高・党低のもとでの自民党・官邸頼りの旧来型インナー対応モデルは、官邸にフリーハンドを与えることになることを、もっと深刻に考えるべきではないか。

場合によっては、単なる事業利用規制だけではなく、事業・組織分割までも視野に入れた対応策を今から考えておくことが肝要だ。

ＪＡグループ内では、すでに准組合員になった人に規制をかけるのは財産権の侵害ではないかとか、また、准組合員への税制上の優遇措置を維持するのは無理ではないかとか、散発的な声が聞こえてくるが、もっと根本的な対応策が求められていると考えるべきだ。

旧来型運動の対極にあるのは、二軸論を脱却し、あくまでも農業協同組合として、総合ＪＡの将来ビジョンを掲げ、正准組合員一体となった一，〇〇〇万人を核とする食料の安全保障、食料主権の開かれた国民運動の提起であろう。

ちなみに、食の安全・安心を脅かす二〇一八年四月からの、国の「主要農作物種子法」の廃止を受け、二〇一九年四月時点で、九道県において「種子条例」が制定され、この動きはさらに拡大していく状況にある。

准組合員の事業利用規制の問題も、こうした路線の延長線上でこそ勝機を見いだすことができる。

さらに、准組合員の事業利用規制の問題に関していえば、自民党の老獪な選挙対策で「組合員の判断」などという意味不明のリップサービスのもと、ＪＡに対して安心しろ、騒ぐなという強烈な締め付けが行われている。

准組合員問題は、最終的には国民世論が決める。官邸はその動きを慎重に見極め、結論を出すだろう。自民党のいう「組合員の判断」は、選挙対策上の方便に過ぎないと考えておいた方が良い。

もとより、協同組合にとって政治力の発揮は必要だが、真の政治力発揮のためには、自らを変革する力・対案づくりと政党（自民党内派閥を含む）への等距離対応が欠かせない。

准組合員問題について、ＪＡが与党・官邸にその解決を依存し、結果について、与党はＪＡの言う通りに頑張ったけれど、仕方がなかったということにはして欲しくないものだ。

新世紀ＪＡ研究会では、萬代宣雄名誉代表（ＪＡしまね前代表理事組合長）が中心になって、一〇〇名を超える、派閥を横断した自民党最大議連の「地域の農林水産業振興推進議員連盟」（会長・竹下亘衆議院議員）の結成をはかり、当初、政府が全面的に否定し、実現不可能と思われていた**農水産業協同組合貯金保険機構[12]（貯保機構）の保険料率の引き下げを全中とともに実現した。**平成三一年四月から実施される。

とうてい不可能と思われていた貯保機構の保険料率の引き下げは、萬代名誉代表の希有なリーダーシップ力によるものだが、このことは、自らの要求実現のためには、政党や派閥を横断する政治勢力の結集と政府・官邸を上まわる智恵と情熱が必要なことを物語っている。

これから代表・総合調整機能を果たし、ＪＡ運動を主導する一般社団法人としての全中の役割は大きいが、現実には協同組合運動の司令塔というにはほど遠く、ＪＡ組織の利益擁護団体として、旧来方針のもと閉ざされた与党・官邸依存の農政活動を続けているようにしか見えず、これでは所期の目的を達成することは難しい。

かつて、全中がもっとも大切にしていたのは、政治に対する自主・自立（政経分離・政党への等距離対応）の姿勢・徳目だったことを忘れるべきではない。

筆者は、機会があって、韓国農協中央会・金会長が率いる農協運動の一つとして、全国の組合長など一，二〇〇名を一堂に集めた徹夜討論会（二〇一九年四月二日・三日）に参加した。韓国は二〇〇七年にアメリカと間でFTA交渉（二国間自由貿易協定）を締結（二〇一二年発効）し、農村は大きく疲弊した。

この結果、金会長の強力なリーダシップのもと、韓国農協は、農業・農協政策を政府に過度に頼るのはやめ、「農業人が幸せな国民の農協」をビジョンに掲げ、農業の公共機能を憲法に位置づける一，〇〇〇万人署名活動など自主・自立の農協運動を進めている。

一方、韓国政府は、二〇一二年の国際協同組合年を迎え、協同組合設立の自由を保障し、運営の基本原則及び政府の責務を盛り込んだ協同組合基本法を一月二六日に制定・公布している。

わが国に先んじてアメリカとの二国間交渉を進めた韓国の農協運動は、日本のJA運動にとって、大きな示唆を与えるものではないだろうか。

12　貯保機構は、政府が行う農協・漁協を対象とした信用事業の破綻防止のセーフティネット装置である。厳しい経営状況にもかかわらず、ほとんどのＪＡ組合長には、貯保機構に対して毎年多額の保険料が支払われているという自覚は乏しい。

新世紀ＪＡ研究会の要請により、今回の貯保機構の保険料率の引き下げに先だち、系統でつくるＪＡバンク支援基金の掛け金が、平成二一年度から凍結されている。掛け金の料率は、貯金残高（一〇〇兆円）に対する〇・〇一五％なので、ＪＡにとって、単純計算で年間一五〇億円（一ＪＡ平均約二，三〇〇万円）、この一〇年間で一，五〇〇億円程度の経費節減効果をもたらしている（数値はすべて、説明を簡単にするための概算値である）。

今回の、貯保機構の保険料率の引き下げで、さらにこの半分程度の経費節減効果を生むことになった。保険料率は、今後も見直しをはかることになっている。新世紀ＪＡ研究会では、節減経費を農業振興に充てることを呼び掛けるとともに、引き続き、掛け金の凍結をめざすことにしている。

第3章

創造

前章で述べた新総合JAビジョンの基本的な考え方は、JAは、総合事業と准組合員制度という経営装置を使い、「農と食、および地域活動（総合事業）を通じて農業振興に貢献する」というものであった（「食と農」という言い方もあるが、JAは農協なので、「農と食」とした方が組織内にも組織外にも説明しやすいと思われる。概念規定は、正確にしておいた方がいい）。

したがって、本来は、抜本的な農業振興対策はもとより、総合事業との関連で、農福連携の高齢者・福祉対策、農住対策など、JAの各種事業を通じた農業振興対策についても言及しなければならないが、将来ビジョンを構想するうえで、もっとも重要で、かつ差し迫った課題は准組合員対策なので、そのことについて述べることとする。

1 准組合員対策の基本構図

～准組合員対策の俯瞰

これまで述べてきたことをふまえて、新たな准組合員対策について述べるが、准組合員対策を考える場合に、これを全体としてどのようにとらえればいいのかが重要になる。

そこで、これを図式化してみたのが（表）〈新たな准組合員対策の基本構図〉である。全体構図を整理するということの性格から、これまでの説明と重複感があることをお許しいただきたい。

新世紀ＪＡ研究会[13]では、こうした基本構図を念頭に、企画部会・小委員会で「新たな准組合員対策」について報告書をまとめた。

こうしたＪＡグループ内の若手を中心とした自主・自立の研究活動の動きは、今後のＪＡ改革について、大きな力になるものである。

今回の小委員会報告による対策は、混迷する准組合員対策に終止符を打つ抜本策・決定版と

（表）新たな准組合員対策の基本構図

―成功体験からの脱皮・ピンチをチャンスへ―

1．問題の所在と認識

<二つの理解>

- 総体として正准組合員数が逆転し、正組合員数の減少・准組合員数の増加が続き、その差の拡大が見通される中でJA組織の基本的性格が問われている
- 准組合員は制度として認められており、正准組合員の数を問題にすべきではない

◎農協改革推進決議
（自民・公明－平成30年9月）

准組合員の事業利用規制のあり方は、組合員の判断－求められるJAの自主対策

2．JA運動の基本方向

◎新総合JAビジョンの確立

- 総合JAとしての将来ビジョン－総合JAは農業振興にとって欠かせない存在
- 農業に対する意識の転換―農業振興は農（つくる人・正組合員）と食（食する人・准組合員）の力で成り立つ

◎従来路線の継続

- 農業協同組合と地域組合の二軸論による運動の継続（自己改革の基本姿勢2014年11月）
- 自己改革の中で、地域組合としての法改正まで視野にいれたものの、農協法改正等を通じて否定

3．准組合員対策

◎新たな准組合員対策の確立

- 「農業協同組合」としての准組合員対策
- 准組合員の位置づけ
  「食とJA活動を通じた地域農業振興の貢献者」
- 具体策－これまでの准組対応の検証、「農業振興クラブ（仮称）」の結成と展開
- 正・准組合員で支える農業振興の新ビジネスモデルの構築

◎これまでの准組合員対策の継続

- 「地域組合」としての准組合員対策
- 准組合員の位置づけ
  「協同組合運動に共鳴する安定的な事業利用者」
  実質は、主に信用・共済事業の員外利用制限回避のための加入促進―背景に地域インフラ論
- 信用・共済事業の収益で営農・経済事業の赤字を補填する旧来型ビジネスモデル

いえるものである。巻末に掲げるとともに、適宜、その内容を紹介・引用したい。

（一）問題の所在と認識

この問題の発端は、二〇一四年の五月に規制改革会議の農業WGが「農業改革に関する意見」で准組合員の事業利用は正組合員の二分の一を超えてはならないとしたことにあった。

その後、政府の「規制改革実施計画」で、准組合員の事業利用について、「正組合員の事業利用との関係で一定のルールを導入する方向で検討する」とされ、二〇一六年四月施行の改正農協法では、附則において、准組合員の事業利用規制の在り方については、施行の日から五年間（二〇二一年三月まで）、政府が実態調査を行い、検討を加えて結論を出すことが明記された。

では、この問題の所在と認識についてどのように考えればよいのか。もちろんこの問題を官邸によるJA潰しの一環としてとらえることは容易であるが、その背景に総体として准組合員の数が正組合員数の数を上回ったという事実がある。

この事実から、JA組織の基本的性格が問われているとする認識と、准組合員は制度として認められているから、いくら准組合員が増えても何ら問題はないとする認識にわかれる。

この点について、今回の政府提案は、准組合員の制度そのものを改変する意図のもとに行われており、ＪＡ組織の基本的性格が問われ、戦後ＪＡ運動の総括を伴う重大問題とみるべきだろう。

なお、この問題に対する自民党の対応は、ＪＡ信用事業の代理店化と同じく組合員の判断とするから安心しろというものだが、これはもちろん選挙対策用のもので額面通りに受け止めるわけにはいかない。

このようなＪＡ運動にとっての最重要課題を自民党に丸投げし、組織の既得権益を守ることばかりに腐心することは良い結果を生まないし、自主・自立の協同組合運動の趣旨にもとる。何より、自民党の選挙対応の発言以降、議論放棄の雰囲気が生まれていることに危機感を持つべきだ。

(二) 運動の基本方向

以上の状況をふまえ、基本方向は二つに分かれる。一つは、環境変化をふまえ正・准組合員が一緒になって農業振興を支えるという新しい総合ＪＡビジョンを確立し、そのもとで国民運動としての新たなＪＡ運動を展開するという方向と、もう一つは従来方針を踏襲し、職能組合と地域組合の二軸論による運動を継続していくことだ。

だが、後者の従来方針の踏襲たる二軸論（現在のＪＡ自己改革路線）は、農協法改正等を通じて否定されたのであり、その事実に向き合わなければ将来展望を切り開いていくことはむずかしい。

また、准組合員問題について官邸・自民党を頼りにするとしても、そのバックには国民世論があることを肝に銘ずべきだ。

㈢　准組合員対策の確立

准組合員対策は、もちろんそれ自体単独で論じられるものではなく、これからのＪＡ運動展開の方向と一体となって考えられるべきものだ。ここで重要になってくるのが、准組合員の位置づけである。

ＪＡ運動の基本方向を新総合ＪＡビジョンの確立とみる立場からは、准組合員を「食とＪＡ活動を通じた地域農業振興の貢献者」と位置づけるという、新たな発想が出てくる。

これに対して、旧来の地域組合路線による准組合員の位置づけは、「協同組合運動に共鳴する安定的な事業利用者」（全中総合審議会答申一九八六年）というもので極めて漠然としたものだ。

一方、現実問題として、准組合員の加入推進は、主に、信用・共済事業における員外利用制限回避のために行われてきたのであり、極論すれば准組合員対策はその方便として考えられてきたとさえ言って良い。

また、こうした取り組みの背景にあるのは、地域インフラ論だ。今も全中は、これを論拠にしており、衆参の農水委員会でもその重要性が決議されている。

だがこの論拠は、今の時代にはまったくそぐわない。今や多くの地域で銀行、保険会社、量販店、コンビニ等がひしめき合い、ＪＡがなくてもこと足りる。

したがって、この地域インフラ論は逆に、多くの地域において准組合員の事業利用規制に有力な根拠を与えることに注意が必要だ。

農水省は、二〇一九年度予算一，二〇〇万円を使い、准組合員調査を行っている。予算説明には、「農協の准組合員の事業利用規制の在り方の検討に資するよう、各地域における生活インフラの利用実態について現地調査を行います」と記述されている。

この調査の趣旨から政府は、事業利用規制の有力な根拠を地域の生活インフラの整備状況としていることがはっきり読み取れる。

　ＪＡグループは、総合事業とともに准組合員制度があることによって、営農・経済事業の赤字を信用・共済事業の収益で補填するというビジネスモデルを構築し組織として大きく発展してきた。だが、政府から准組合員の事業利用規制という問題を突き付けられ、これまでのような主張は続けられなくなっている。ＪＡグループは、今こそピンチをチャンスに変え、正准組合員が一体となって農業振興に取り組むという新たなビジネスモデルを構築していくことが重要である。

　そこで、今後の准組合員対応の具体策としては、①今までの准組合員対応を農業振興への寄与という観点から検証し直し、新たな対策として確立していくこと、②准組合員の中核組織として、「農業振興クラブ（仮称）」構想を実現して行くことが考えられる。

　そうすることによって、正准組合員一，〇〇〇万人を核とした食料の安全保障、自給率の向上、食料主権の国民運動の先頭に立つことができるし、これから困難が予想されるＪＡの経営危機にも、准組合員六〇〇万人のメンバーシップを確立することで、事業推進上のアドバンテージを得ることができる。

ＪＡは総合事業と准組合員制度によって、組織として大きく発展してきた。だが、今回の農協改革は、ＪＡに対して、これまでの成功体験からの脱皮と農業振興のための新たな総合ＪＡビジョンの確立を要請しているととらえるべきであり、まずはそのための意識改革、意識転換が求められている。

「農業振興クラブ」の結成については、初めてのことで戸惑いもあろうが、目標ははっきりしており、その気になれば新境地を切り拓くことは、ＪＡの底力をもってすれば可能と考えられる。

13　新世紀ＪＡ研究会とは、二〇〇六（平成一八）年に、①ＪＡの相互研鑽、②政策提言、③独自の要請活動などを目的に結成されたＪＡの自主研究組織。代表は、八木岡努・ＪＡ水戸代表理事組合長。初代代表は、萬代宣雄・ＪＡしまね前代表理事組合長。これまで年二回の現地全国セミナーを開催し、近年はこれに加えて、一～二月に一回のペースで課題別セミナーを開催している。

2 将来ビジョンの重要性
～全体方針と個別対策の関係

二〇一四年六月から始まった今次農協改革は、二〇一九年五月で改革集中推進期間の期日を迎える。この間の評価について、政府はともかくＪＡグループはどのようなまとめをするのだろうか。

農協改革は政府に言われるものではなく、自ら行うものだという趣旨に沿えば、われわれはたいへん良くやったという、自画自賛の内容になる可能性が高い。

そのことがどのような意味を持つのか、そのことを考えるには、そもそも今次農協改革とは一体何だったのか、改めてその意味を考えておくことが重要だ。

農協改革の見方はいろいろあるだろうが、ＪＡの中でもっとも支配的な意見はアベノミクスによるＪＡ潰し、協同組合潰しというものだろう。こうした意見の中には、新自由主義のもとで日本の農村・ＪＡの市場を多国籍企業に売り渡すものだというものもある。[14]

しかし、筆者はそのようないわば政治的な背景による農協改革に対する見方も重要だが、ＪＡ組織が持つ本質的な面にも光を当てなければならないと考える。

この問題を考えるヒントは、農協改革緒戦の戦いにおいて敗北を喫した准組合員の事業利用規制をとるか、中央会制度の廃止をとるかの王手飛車取りにあい、中央会制度を犠牲にしてまで守った准組合員の事業利用規制問題にある。

二〇一五年二月の緒戦の攻防において、全中は自らの組織の解体を意味する中央会制度の廃止を飲まされたが、同時にそれは、准組合員の事業利用規制こそが王手飛車取りにおける王将であることを意味した。

総体として過半を超える准組合員に、事業利用の規制をかけられることは、ＪＡ経営に深刻な影響が及び、また、事業分割にも繋がりかねないという強い懸念があったからであろう。

このように考えると、ＪＡにおける准組合員の存在をどのように考えるか、言い換えれば、ＪＡ組織の将来的なあり方をどのように考えるかということこそ、今次農協改革の基本的命題と考えていいだろう。このことは、同時に戦後七〇年のＪＡ運動の総括が必要なことを意味している。

一方で、准組合員の事業利用規制問題は、二〇二一年四月以降に先送りとなった。その意味で、農協改革は二〇一九年五月の改革集中推進期間が終了し一応の区切りを迎えるものの、その根本問題は残されたままということになる。

それでは、今次准組合員をめぐる農協改革の最大の争点は何か。それは、以下のいずれの認識に立つのかが問われている問題としてとらえることが重要だ。①は、准組合員は制度として与えられたものであり、われわれに非はなく従来通りのＪＡ運動を続ければいいという認識。②は、准組合員の問題は、総体として准組合員の数が正組合員の数を上回り、その差が今後とも拡大していくと想定される中で、いずれ制度改変さえ求められている問題であり、ＪＡの将来像を考えて行くことと不可分で、新たなＪＡ運動を提起していかなければならないという認識。

以上の二つの選択肢については、これまで繰り返し述べてきたことが、ＪＡグループでは、これまで、このような形で問題提起が行われてくることはなかった。

ＪＡグループもしくは全中がとっている対応方向は、このうちの①なのだが、この方向からは、有効な准組合員対策が生まれてはこないのが現実である。

二〇一八年九月、全中は准組合員対策について、准組合員のＪＡへの意思反映や運営参画促進に向けた具体策をまとめた。年度内（二〇一九年三月）に各ＪＡで要領を策定し、仕組みを整備したうえで来年度から実施するという。

対象者の選定や具体的な手法など検討のポイントを示し、准組合員モニターや准組合員総代制度などの例を参考に、ＪＡごとに取り組みを進めるという（日本農業新聞）。

この具体策の問題点は、全中として、肝心な准組合員の位置づけが明らかにされていないことであり、それはＪＡごとの実態に合わせてＪＡ自身が考えるとしていることである。

ＪＡの将来ビジョンが不明確なまま、准組合員の位置づけを丸投げされたＪＡは、この具体策をみて、准組合員対策をどのように進めて行けばいいのか戸惑うばかりではないだろうか。

全中の考えは、准組合員対策について従来路線を踏襲しつつ、今後の位置づけをＪＡに任そうとするもので、これでは対策にならない。

准組合員対策についての従来路線とは、制度としての准組合員を認めようということであり、従来通り、主に信用・共済事業推進のために准組合員の加入を進めることになる。

こうした方向は、准組合員制度の矛盾をますます拡大していくものでしかなく、国民の理解を得ることはできない。とすれば、今後の准組合員対策の基本は、准組合員を農業振興の同志と位置づけ、そうした方向で具体策を検討していくしか方法はないということになる。

全中は、農業振興について農業者・農家だけではその達成がむずかしく、正・准組合員が一体となって取り組むことで初めて可能なことを将来ビジョンとして明確にし、准組合員対策を進めて行くべきであろう。

14　日本の対米外交は、「対日年次改革要望書」「貿易障壁報告書」「米国在日商工会議所の意見書」などに着々と応えて行くことであり、その執行機関が規制改革推進会議になっている。
米国の対日要求リストには、共済の対等な競争条件や、食品の安全基準（食品添加物・残留農薬など）に関する項目がずらりと並んでいるから、それらを順次差し出していくのが米国への格好の対応策になっている。たとえば、ＢＳＥ（牛海綿状脳症）に対応した米国産牛の月齢制限を、ＴＰＰの事前交渉で二〇か月齢から三〇か月齢に緩めた。

鈴木宣弘「失うだけの日米ＦＴＡ」ＴＰＰプラスを許さない全国共同行動院内集会資料（二〇一九年四月二三日付け）参照。

3 准組合員対策の転換
～農業振興を通じて六〇〇万人を組織化する

それでは、准組合員問題についての核心は何か。それは、准組合員の位置づけにあり、准組合員を、①従前のように、「地域に住所を有する意思なきＪＡの利用者」ととらえるか、はたまた、②「食とＪＡ活動を通じて地域農業の振興に貢献する者（意思ある主役）」ととらえるかの違いにある。

これまでの准組合員の位置づけは、かつての全中の総合審議会答申（一九八六年）で示されている通り、「協同組合運動に共鳴する安定的事業利用者」となっており、農業振興とは直接関係がない。

この位置づけの意識の根底にあるのは、ＪＡは広く地域に開かれた組織であり、農業振興とは直接にかかわりがなくとも、事業利用を通じて地域住民をＪＡに迎え入れようとするもので、農協論から見ると、地域組合論に立つ考えである。

いうまでもなくこの考え方は、戦後の農協法の制定にあたって設けられた准組合員制度の活用を具現化したものであり、この制度は組合員について、職能的な資格要件を問わないのがその特徴である。

かつての全中の総合審議会答申はそのことに忠実であり、またそうすることが組織拡大にとって好都合であったため、准組合員の位置づけは農業という職種に関わりなく「協同組合運動に共鳴する者」となってきたのである。

しかし、今回の農協改革でこうした地域組合の議論は、農協法の改正等を通じて、より明確に否定されることになった。したがって、ＪＡの整理も地域原理に基づく「協同組合運動に共鳴する者」では対応が困難になってきていると考えるべきである。

まずは准組合員問題について、こうした理解を持つことが事態解決の前提になる。だが、現実には全中が准組合員についての位置づけを明確にしない、あるいはできないこともあってか、現在ＪＡで取り組まれている准組合員対策も従前路線の延長線上にあり、混迷状態にあるといってもいい。

こうした事態を打開していくには、准組合員を「その地域に住居を有する意思なきＪＡの利用者」という考え方から、「食とＪＡ活動を通じて地域農業の振興に貢献する者（意思ある主役）」に転換することにある。

もとより、ＪＡは農業協同組合なのであり、准組合員も農業振興との関連で位置づけることでしか解決策はないと考えるべきであろう。この点、すでに平成一三年の農協法改正で、「農協の地区内に住所を有しない者であっても、農協から産直で農産物の供給を受けている者や、農協が設置する市民農園の利用者などは准組合員資格を認める」こととなっている。

現在の総合ＪＡは、戦前の産業組合の残滓を引きずり、農業者とは関係のない地域住民を准組合員として受け入れることで発展してきた。だが、こうした経緯とは別に、正組合員と准組合員を、農と食の面から農業を支える存在と位置づけることで、ＪＡは、食料主権の確立に向けて絶好の存在ポジションを得ることになるのではないのか。

その際、正組合員は、農業振興にとって生産の主役、准組合員は食を通じた農業振興の主役と位置づけることが肝要だ。准組合員は農業の単なる応援団ではなく、正組合員と准組合員が一体となって農業振興に取り組むことで、新たな展望が拓けると考えるべきである。

准組合員の「食を通じた農業振興への貢献」はさまざまに考えられるが、そのもっとも大きな貢献は、地域における農産物の買い支えにあるだろう。

この点について、古くから地産地消が叫ばれているが、ＪＡが准組合員による管内の農産物の買い支えによって、これを実現していくという話は、あまり聞かない。

現在、農産物直売所の取り組みによって、地産地消が進められているが、これを一歩も二歩も進め、管内農畜産物の一定額を准組合員が購入するといった新たな取り組みを進めることが重要になる。

また、准組合員の「ＪＡ活動を通じた地域農業の振興への貢献」については、ＪＡの組織・事業（信用・共済・経済等）活動・経営への参画等のすべてを動員して、地域農業の振興に貢献することを意味している。

准組合員を、「食とＪＡ活動を通じて地域農業の振興に貢献する者」と位置づけることで、これまで目的がはっきりしなかった准組合員対策が意義あるものとなり、将来的には、組織化された正准一，〇〇〇万組合員による食料主権の国民運動を提起することも可能となる。

さらに、准組合員を、食を通じた安定的なＪＡの事業利用者と位置づけることで、今後に予想される困難なＪＡ運営への対処に、大きな力とすることができる。

4 自民党リップサービスの恐ろしさ

〜選挙対策

准組合員の事業利用規制問題について、二〇一八年六月七日のＪＡグループ政策確立大会で、自民党の二階俊博幹事長が「准組合員の事業利用規制やＪＡが行う信用事業の代理店化について、押し付けるつもりはない、組合員が判断すればよい、しっかりと党として約束をしておく」と見えを切った。

また、二〇一九年四月二四日の政策確立大会でも、二階幹事長はこれに加えて、全中が行っている組合員アンケート調査に言及し、これによって組合員が判断すれば規制はかからないともとれる発言を行っている。

このような発言以降、ＪＡ内には一種の安堵感だけでなく、この問題はもはや終わったかのような雰囲気さえ漂っている。

二階幹事長の発言は、二〇一九年春の統一地方選挙、また、夏に予定されている参議院選挙に向けた自民党圧勝の期待を込めたリップサービスであることは疑いがなく、ＪＡグループとして、組合員アンケート調査とは別に、今後ともしっかりした対応策を考えていくことが重要だ。アンケート調査によって規制問題がなくなる訳ではなく、自民党もそのようなことは言っていない。

こうした発言の一方で、安倍首相は、二〇一八年七月一九日に、日本農業新聞との単独インタビューに応じ、この問題は、「しかるべき時期が来たら法律の条文に即して適切に対応を判断する」と述べている。

また、「新世紀ＪＡ研究会」が二〇一八年の六月五日に行った要請活動のなかで、安倍首相側近の自民党の森山裕国会対策委員長は、准組合員問題について、「とくに都市化地帯のＪＡでは対策をよく考えておくように」とわざわざ発言している。

自民党が選挙対策のリップサービスとして、いくらこの問題を組合員の判断といっても、規制問題自体がなくなるわけではない。この問題について、党としてさすがに今後規制がかけられることはない、などの安請け合いはできない。そこで、苦肉の策として考えられたのが組合員の判断ということだろう。

安倍政権の目玉である働き方改革での、事実上の残業規制を撤廃する「高度プロフエッショナル制度」の導入についても、それは企業の自主判断であると説明された。

政府にとって「自主判断」は、新たな制度導入にあたって関係者に安心感を与える常套句なのである。

ＪＡ出身の自民党議員の中には、これは自民党としてたいへんな決断であり、事実上の棚上げを意味するなどと話す者もいるが、果たしてことはそんなに簡単に終わるのだろうか。

もし事業利用規制について、それが組合員の自主判断であれば、そもそもこの問題は生じない。そこで考えられるのが、条件を示して選択を迫るやり方だ。

「ＪＡがいう通り、ＪＡは地域のインフラ機能を果たしている。ですから、インフラが整っていない地域では、事業利用の規制はかけません。ですが、インフラが整っている地域については、農業振興に専念して頂くために、事業利用規制をのむか、他の金融機関（農林中金の代理店化を含む）への利用に転換するのか、組合員（ＪＡ）で判断して下さい、この内容はＪＡの地域インフラの主張をくんだものであり、組合員判断は自民党も約束していたことです」、と提案されたらどのように対応すればいいのだろうか。

いくら自民党に頼るとしても、国民的理解の得られないものは、約束してもすぐに反故にされる。公認会計士監査に移行するにあたって、「准組合員の事業利用規制についての組合員判断」などとともに、自民党で次のような決議が行われた。

「平成三一年九月までに会計監査人監査への移行が円滑になされるよう、農協の監査費用低減に向けた系統の主体的な取り組みを支援するとともに、改正農協法の配慮規定に基づき農協の実質的負担が増加しないよう、上記支援措置の効果等をふまえ、必要な措置を講ずること」（農協改革の推進に関する決議－平成三〇年八月二四日・自由民主党農林・食料戦略調査会、農林部会、農協改革等検討委員会）。

だが、このことに関する後の農水省の見解は、「監査の負担を税金で補填できない。モラルハザードは生じさせない」という実にあっさりしたもので、事実上意味をなさないことになっている。

准組合員対策についても、あまり地域のインフラ論を主張すると、あげ足をとられることに注意が必要だ。

そこで重要になってくるのが、地域インフラ論に加えて、准組合員は農業振興にとって不可欠な存在であるという主張だ。

とくに、都市化地帯のＪＡが、農村部のインフラが未整備のＪＡと同じ地域インフラ論でこの問題に対応するのは無理がある。都市化地帯のＪＡでは、地域インフラ論ではなく、農と食にとってＪＡが必要だということを国民にアピールしていくことが重要だ。

ＪＡは、今からでも、准組合員は農業振興にとって必要な存在であることを主張し、それをＪＡ活動として実践していくことが肝要である。

ＪＡには、准組合員対策についても、自民党・官邸頼みという姿勢が顕著だが、二階発言は、明らかに選挙対策用のもので、これにゴマ化されてはいけない。政党を頼る最も大きな弊害は、既得権益を守るため、改革のための思考停止に陥ることにある。協同組合第四原則で謳われる、協同組合の「自主・自立」は、単なるお題目やきれいごとではない。

過去における日々の戦いと苦い経験のなかから、協同組合が血と汗でつくり上げてきたものだ。

今回のアメリカのトランプ大統領との物品貿易協定について反対運動が起きない背景にも、自民党とＪＡとくに全中との間に相互もたれあいの事情があるのではないかと思うのは筆者だけではあるまい。

そもそも、准組合員問題は、ＪＡの准組合員が総体として正組合員数を上回っていることを背景としており、ＪＡの組織的性格を問われている問題である。

二〇二一年三月までの調査・検討期間を経て、政府からどのような案が出されるのか予断を許さないが、問題をこのように認識すれば、その結果にかかわらず、ＪＡにとっての喫緊の課題は、政党対策もさることながら、まずは、自らの准組合員対策を確立していくことである。

この問題を仕掛けた農水省も、次の大澤誠経営局長発言に見られるように、ＪＡからの提案を求めている。ＪＡに対する農水省の姿勢は、民間の自主的な活動をサポートするということであり、これは今の行政の基本的スタンスでもある。

「単に組合員の事業を利用させるということであれば、協同組合一般の原則からは員外利用の制限があるということになります。しかし、今はそうではない仕組みとして准組合員制度があるわけですから、それについてもう一回、根底から考え直し、どういう位置づけなのかということについて、改めて社会に提案していただきたい。

政府としては、准組合員の利用状況についての調査は粛々とやっていくということになりますが、准組合員の位置づけということについては、まず農協の方々の意見を聞くということだと思っています。自分たちで考えて提案をしてほしいということです」。（ＪＡＣＯＭ・二〇一八年二月一六日インタビュー）。

この発言の趣旨は、准組合員制度は、ＪＡの員外利用制限を免れるためにあるのではない。准組合員は農業振興との関連で、どのような存在であるかを考えて世間に示して欲しいということだろう。

准組合員問題は、ＪＡの死命を制するとして政治力に頼るとしても、既存の利益擁護だけでＪＡに改革案がなければ話にならない。

全中はじめＪＡ役員に、自民党・官邸任せの気持ちと、決着は二〇二一年四月以降で、任期中にこの問題は表面化しないとして手を打たない意識があるとすれば、結果は悲劇的なものになる。

この問題は、政府から案を出された時点で決着する。准組合員問題について、ＪＡは自らの対策を早急に構築し、国民的理解を得る大運動を展開すべきではないか。

一方で、言い方は悪いがその結果はどうあれ、これからの戦いを通じて、ＪＡは准組合員とともに農業振興を行う組織であることを組織の内外に明らかにしていくこと、いわば、立ち位置を明確にしていくことが重要である。そのことが、今後、准組合問題に終止符を打つことにつながっていく。

二軸論によって、ＪＡは農業振興とは関係なく、地域のインフラ機能を果たしている組織だと主張している限り、組織の存在理由をつかれ、インフラの整備状況との比較で、間断なく准組合員問題が取り上げられ、攻撃の的にされ続けることになる。

さらに、新たな准組合員対策について、全中方針を「忖度」し、ＪＡにおいて議論が巻き起こらないとすれば、何のためのＪＡ運動かということになる。ＪＡにおいて、全中方針には逆らえない、方針転換は全体の方向が定まってからなどと、悠長で自主的な判断ができない意識があるとすれば、事態解決は不可能である。

いまのＪＡ運動に対する全中の対応姿勢は、自ら方針は出しません、皆さんの意見で方針を決めていきますということなので、ＪＡ自らの判断で良いと思われることは積極的に取り組み、全体の動きをつくっていくことが肝要である。

5 新たな准組合員の位置づけ

～これまでと、これからの准組合員対策

新世紀ＪＡ研究会では、二〇一九年三月一五日に開催した課題別セミナーにおいて「新たな准組合員対策」をテーマに検討を行った。このセミナーにおいて、同研究会の企画部会小委員会から「新たな准組合員対策」について報告が行われた。

このなかで注目されるのは、新たな准組合員についての位置づけである。准組合員対策については、全中でも取り組みの進め方が示され、各ＪＡでもさまざまな対策に取り組んでいる。だが、全中が示す取り組みの進め方やＪＡでの取り組み状況をみても、的を射た対策が行われているようには思えず、混迷状態に陥っているのが実情だ。このことについて、小委員会の議論で、この対策のポイントは、准組合員の位置づけにあることが明らかにされた。

混迷する准組合員対策について、その核心部分の影の正体、画竜点睛の竜の目を初めてとらえたといって良い。

准組合員の位置づけは、これまで全中の総合審議会答申で行われてきている。いささか古い話になるが、一九八六年の全中総合審議会答申では、准組合員の位置づけを「協同組合運動に共鳴し、ＪＡの事業を安定的に利用できる者」としている。

この位置づけは、どのような背景のもとに行われてきたのか。それは、准組合員が農協法で制度として与えられており、協同組合運動に共鳴する者であれば、農家でなくとも地区内に住所を有する者は基本的に准組合員として受け入れが可能であったからだ。

だがこうした位置づけは、今後の准組合員対策に有効性を持たないばかりか、対応の妨げになるといってよい。その理由は大きく二つある。

その一つは、これまでの准組合員対策では、准組合員を協同組合運動に共鳴する者としており、協同組合運動に共鳴するといっても、どのような具体的目標・組合員のニーズをもって准組合員を組織するのかが明確になっていないことにあった。

これまでの准組合員対策は、准組合員を協同組合運動に共鳴する者として位置づけてきたが、これはいわば、准組合員としてＪＡに加入してもらうこと自体を目的としており、准組合員対策として実体のあるものではなかったといえる。

極論を恐れずにいえば、これまでの准組合員対策は、員外利用制限を回避し、主に信用・共済の事業を伸長するという目的のために行われてきたのであり、実体がなくてもそれが准組合員対策となり得たのである。

最先端な取り組みとされる、ＪＡの諸活動において正・准分け隔てなく対応するという取り組みについても、それは准組合員がＪＡの活動に参加するということだけに意義が認められ、准組合員の具体的な目的や思いはそれぞれであり、それから先に進むことができないでいる。

従来の准組合員対策は、准組合員になっていただいた者に、ＪＡへの理解を求め、参加・参画を求めるという内容にとどまってきた。

准組合員がＪＡの諸活動に参加するとしても、参加する准組合員は何を目的として、言い換えれば、どのような原理でＪＡの諸活動に参加するのか、その内容が明らかにならなければ、准組合員対策として意義あるものにはならない。

一方で、住宅ローンを借りた人は、ＪＡが金融機関に特化したり、生活店舗を利用する人は、ＪＡが生協になることを期待しているわけではない。

だとすれば、ＪＡは農協なのだから、准組合員になることで何らかの形で農業振興に貢献している、あるいは貢献するのだという目的をはっきりすることで初めて、准組合員対策は意義あるものになってくる。

ＪＡは農協なのであるから、農業振興を目的にしている。したがって、准組合員の位置づけも、何らかの形で農業振興を目的としたものでなければ有効にワークしない。

もちろん、これまでの准組合員対策は、ＪＡ運営への理解協力を求めるという点において効果があったことについて異論をはさむつもりはないが、同時にそれは大きな限界を持つものであったのである。

つまるところ、ＪＡとして准組合員になって頂ければ、員外利用規制はなくなるのであり、准組合員の存在理由などは何でもよく、耳さわりのよい「協同組合運動に共鳴する者」ということになったというのが実情であろう。

かくして、結果として六〇〇万人を超える膨大な数の意思なき准組合員が存在するという事態になった。

また、これまでの准組合員対策が有効性を持ちえないもう一つの理由は、ＪＡが自己改革のなかで謳っている、ＪＡは職能組合であると同時に地域組合であるといういわゆる二軸論が、今次の農協改革における農協法の改正等において否定されているということである。

地域組合論を掲げ、ＪＡは農協であると同時に、信用組合や生協の役割を果たしているのであり、信用事業や共済事業の利用者を農業振興とは別の目的で、組織化したいといえば、その部分はどうぞ別の組織に移行してくださいということになる。

こうした事態を招いているのは、これまでの准組合員対策の要である准組合員の位置づけが、旧態依然の「協同組合運動に共鳴し、ＪＡの事業を安定的に利用できる者」とされていることにあった。

直近の全中による大会議案などでは、准組合員は、「地域農業や地域経済の発展を農業者とともに支えるパートナー」、「地域農業振興の応援団」、「地域振興の主人公」であり、ＪＡは、准組合員のメンバーシップ強化について、「食べて応援」「作って応援」に取り組むとしているが、農業振興への役割の踏み込みが弱く、また、准組合員の存在をあくまで地域の面から考えている点において、旧来の考え方を踏襲している。

これに対して、今回の小委員会は、新たな准組合員対策における准組合員の位置づけを、「食とＪＡ活動を通じて地域農業の振興に貢献する者」と明確にした。

この准組合員の位置づけは、今後の農業を、生産面・正組合員と消費面・准組合員の両者で支えるという、新総合ＪＡビジョン確立の想定のもとに行われている。その内容は、食料・農業・農村基本法が考える方向とも合致している。

ここにＪＡビジョンを掲げることの重要性があり、ＪＡは新総合ＪＡビジョン確立のもと、准組合員の位置づけを「食とＪＡ活動を通じて地域農業の振興に貢献する者」とすることによって初めて、有効な准組合員対策を確立することができる。

6 准組合員への対応姿勢
～目的や対応姿勢の明確化

ＪＡの准組合員への対応の曖昧さは、ＪＡ運営には正・准組合員とも分け隔てなく参加してもらうという姿勢に端的にあらわれている。正・准組合員とも分け隔てなくＪＡ運営に参加してもらうという准組合員対応は、ＪＡでは、最先端の取り組みとされている。

だが、こうした対応への背景には地域組合論があり、准組合員の協同活動の目的がはっきりしないため、有効な対策にはなっているとは言い難い。

准組合員がＪＡの活動に参加しても、目的がはっきりしない以上、それは、なんとなくＪＡの活動に協力してもらうということにしかならないからだ。

また、地域組合論から言うと、正と准は同じ協同組合たるＪＡの組合員であり、両者を分けること自体に問題があるということになる。この結果、准組合員問題に関して、「准組合員は組合員である」というような、意味不明の何の解決にもならないようなことを口にする人さえあらわれる。

他方、准組合員に特段の意思が持たされることはなく、他方では現実として、ＪＡは員外利用制限を逃れるため、また利益の上がる信用・共済事業の利用を拡大するため、准組合員の加入を進めてきた。

このため、地域組合論による准組合員対策は、どのような利益をうるために准組合員になってもらうのかが目的とされるのではなく、いわば加入してもらうこと自体が目的の内実のないものとして機能してきたのである。

しかし、こうした地域組合路線に基づく准組合員対応は、表面的なＪＡ組織の拡大には有効であっても、一方ではＪＡの協同組合としての目的を不明確にするとともに、国民目線から見た准組合員の存在に説得力を持ちえず、また組合員の自発的な協同組合運動の発展にとって有効といえるものではない。

こうした状況のなかで、ＪＡの今後の准組合員への対応姿勢をどのように考えればいいのか、このことについてとりあえず二つのことが重要のように思える。一つは、准組合員もしくは加入推進対象者に対して地域農業振興への貢献を求めるなどの目標を明確にすることだ。

准組合員対策で、最先端といわれる、正准分け隔てなくＪＡ活動に参加してもらうという内容も、目的が農業振興ということではっきりしてくれば、有効性を持ってくる。

加入にあたり、具体的な目的を持たず漠然と協同活動のためにという人はいないだろうし、加入にあたりほとんどの人は何らかの目的を持っている。

この点、いまの准組合員の多くは、住宅ローンの金利優遇、出資配当、利用高配当、ＪＡとしての親しみやすさ等でＪＡを利用している人が多く、農業振興を目的として加入する人はほとんどないといわれる。

だが一方で、農業に関心を持たない人は少なく、多くの人々は、さまざまな面で農業振興に貢献できることを願う潜在的な意識を持っているのではないか。ＪＡはこうした准組合員の潜在意識を掘り起こして農業振興に貢献できるように仕向けていくべきである。

とくに、都市化地帯のＪＡでは、他の金融機関とまったく同じ意識で、住宅ローンを借りるためだけに准組合員に加入する人も多いが、そうした人たちにさえ、皆さんは信用・共済事業等の利用を通じて、農業振興に貢献しているのだということを意識してもらう取り組みが必要だ。

もう一つは、農業振興への貢献について、農産物をつくる人・正組合員と農産物を食する人・准組合員という立場の違いを明確にして取り組むことが重要だろう。

もちろん、准組合員にも家庭菜園や体験農園の利用など生産段階への取り組みや、場合によっては生産者・正組合員になってもらうなどの取り組みも重要であるが、基本的には、正組合員と准組合員の立場の違いを明確にして対策を進めることが准組合員対策にとって重要なことと考えられる。

というのは、准組合員対策が混迷する中で、ＪＡは農業協同組合なのだから、准組合員を正組合員にすることが基本であり、関連して、正組合員の資格要件を引き下げろというよう発言を口にする人がいるが、准組合員を正組合員にすることを准組合員対策の基本に置くことにはそもそも無理があり、正組合員の資格要件の引き下げには、正組合員の方から反対の声が上がると考えられるからだ。

したがって、准組合員対策は、正組合員と准組合員の役割を明確にして取り組むことが肝要と思われる。

付言すれば、以上のように、准組合員を、食とＪＡ活動を通じて農業振興に貢献する意思ある組合員と位置づければ、JA運営における准組合員の権利もまた保証されなければならない。

JA運営における准組合員の権利行使については、これまで事業利用のほか部会活動への参加や理事などとして経営に参画を求めることなどの対策がとられてきているが、共益権の中でもっとも重要である議決権についても、正組合員の利益を侵害しない範囲での制限付き議決権の付与を考えるべきであろう。

制限付き議決権については、議事は正・准組合員の過半で決するものの、一方で正組合員の過半の賛成を担保とすることで、正組合員の権利を保証するなどの方法が考えられる。

こうした方法は、農協法に抵触しない、意思決定ではなく准組合員の意思反映のための議決権付与であり、総会の運営規約の制定で可能だ。これならすぐに取りかかれる現実的で有効な対応策となりうる。

准組合員に、本格的に共益権を与えるかどうかは、これからの取り組み実態をふまえ、全体合意の中で検討を進めていけばよいだろう。

7 准組合員のニーズ・心情

～遠いＪＡの存在

准組合員は、ＪＡにとってどのような存在であるのか。このことについては、准組合員に対するさまざまな調査が行われており、准組合員は、ＪＡの正組合員の子弟が多い、ＪＡ関係者とのつながりがある、農業に興味を持つ人が多い、それとは反対に、ＪＡや農業にまったく関心がないなどさまざまなことが指摘される。

しかし、ほとんどの場合、そもそもＪＡなどの調査主体が、准組合員をどのように位置づけるかを明確にしていないため、調査結果の分析は極めて散漫なものとなっている。

筆者は地元ＪＡの准組合員となっているので、そうした現実的な視点からニーズ・心情を述べてみたい。筆者は、なぜ准組合員になったのか。それは、長年にわたってＪＡにお世話になったこと、またＪＡについて発言をするには、組合員になっていなければ話にならないと思ったからという以外にさしたる理由はない。

利用しているのは、年金受入れ・決済口座としての貯金であるが、JAを利用した方が他の金融機関より利便性が高いという訳ではない。便利さだけからいうと、都銀や地銀の方が上である。

JAの協同活動に意義を見つけたと言いたいところだが、今の状況では、准組合員はすべての面でJA運営の蚊帳の外にあり、そのとっかかりさえ掴めない。仮に活動参加を要請されても、JAへの理解を深めて下さいというだけでは魅力を感じないだろう。

筆者が加入しているJAは、合併により全国最大級規模のJAになった。支店は徒歩圏内の距離にある。合併により支店名は変わったが、合併に前後して建物が立派になったこと以外、その存在感にさしたる変化はない。

准組合員である筆者と合併前のJAのお付き合いをふりかえると、年度末の総会開催通知・参加案内以外にこれといったものはない。総会では准組合員席が設けられ、准組合員はそこから総会の様子を見学する。終わりには参加を繋ぎ止めるためか、テレビなどが当たる抽選会が行われる。

そのほか、たまに業者による住居のモデルハウスのチラシが入るのとグランドゴルフの案内、年度末明けに出資金配当通知がくるが、日常的に准組合員の意見を述べる場はない。最近では、准組合員の重要性を反映してか、ＪＡの事業内容の案内のチラシなどが入る。

准組合員たる筆者とＪＡの関わりは以上のようなものだが、そもそも准組合員はＪＡをどのように見ているのだろうか。准組合員のＪＡ加入の動機はさまざまだが、筆者にとってＪＡへの興味は農業以外に思い当たるものがない。

筆者には、農業および農家の皆さんには、常日頃から申し訳ないという気持ちが強い。親の代から農家をやめ、あげくに自分は長男で地元に止まらなければならないところ、前回の東京オリンピックの翌年に上京し、故郷を離れた。

筆者は戦後第二世代（団塊世代の少し前）だが、農業の大切さを説く評論家の皆さんはじめ、このような事情の人が多いのではないか。農業は大事だが、割の合う職業ではなく、多くの人は農業から離れて行く。

そうした消費者もしくは、准組合員の心情を察すれば、その多くは農家の皆さんに何らかの形で協力したいと思っている。また、戦後第三・四世代たる筆者の子供や孫の世代では、人間の本能として農業に対する郷愁のようなものが消えることはない。

とくに、幼いころの農業・農村の体験は何物にも代えがたい。自然の中で夜露・朝露を肌で感ずる生活、田んぼの中でのヌルヌルした足の触感などは生涯忘れることはない。こうした機会を与える場として、ＪＡの役割は大きいのではないか。

ＪＡはいま、准組合員の扱いに苦慮している。増え続ける准組合員の存在をどのように考えてよいか分からないからだ。しかし、その答えは意外に簡単なところにあるように思える。それは、ＪＡおよび正組合員が、准組合員をよそ者扱いするのではなく、農業振興をともに行う同志として受け入れることだ。

ＪＡおよび正組合員は、准組合員との垣根を低くし、もっとフランクに農業振興について准組合員の協力を求め、また農業に関わる諸活動を准組合員に提案していくべきだろう。

他方、准組合員はじめ農業・ＪＡの支援者には、農家が行うことは絶対という雰囲気が強いが、気の付いたことは遠慮なく意見を言うべきだ。

筆者は、今の住所に居を移して一〇年以上になるが、ＪＡの存在はあまりにも遠い。ＪＡは、戦後の農地解放後、組合員の農地を守る組織として発展してきた経緯から、農地所有者以外の人たちをよそ者扱いにしてきた。まずは、そうした意識を変えることが問題解決の第一歩である。筆者のように、食やＪＡ活動の面から農業振興に貢献したいと思っている准組合員はＪＡ管内に多く存在するのではないか。まずは、そうした人たちを核にして、新たな運動を進めたらどうだろうか。

従来の信用・共済依存のモデルから、農業振興モデルの転換に最大の障害になっているのは、実は、ほかでもなく、正組合員の保守的・排他的意識である。

この際、正組合員は新総合ＪＡビジョンの確立のため、本気で准組合員に協力を求めるべきである。信用・共済事業の収益で、結果として、農業振興に貢献してきた准組合員という枠を超え、もっと前向きなものとして考えられるべきだ。

これまでは、准組合員にＪＡ参加を求めると、庇を貸して母屋を取られる正組合員の保守的・排他的意識があるが、一方で、准組合員から見れば、ＪＡ運営はどうでもいいことであり、ＪＡから積極的な働きかけがなければ動かないし、動けない。

「由らしむべし、知らしむべからず」といった准組合員対応では、農業振興の展望は開けない。この際、准組合員の問題は、優れて正組合員の問題であることをはっきり認識すべきである。

8 新たな准組合員の具体策
～「農業振興クラブ（仮称）」の結成など

小委員会報告では、基本的な活動（具体策）のなかで、すべてのＪＡで取り組む事項として、「食を通じた地域農業振興への貢献」、「ＪＡ活動を通じた地域農業振興への貢献」を掲げている。

まず、「食を通じた地域農業振興への貢献」については、①管内農産物の買い支え、②食に関する意見具申、③料理教室への参加、④体験農園への参加、⑤援農に関する取り組み、⑥食農・学童教育への参加と意見具申、⑦モニターとしての参加などを掲げている。

これらの具体策は、管内農産物の買い支えを除き、すでにＪＡで取り組んでいるものが多い。

このうち、管内農産物の買い支えは、今後、ＪＡとしてもっとも力を入れなければならない、最重点の取り組みと思われる。農産物直売所の利用にみられるように、准組合員の関心事は、食の安全・安心にある。

ＪＡは、農産物直売所の利用をさらに発展させ、組織・事業活動のあらゆる面において、地元農産物の利用をピーアールし、一方、「農業振興クラブ（仮称）」（以下、単に「農業振興クラブ」という）で、買い支えを決議するような関係が出来れば、農産物の地産・地消は、より現実的で確かなものになる。准組合員に対して、管内農産物の一定額の購入を期待できれば、ＪＡ農産物の販売を通じて農業振興に大きく貢献することができる。

だが[15]、管内農産物の買い支えといった、ＪＡにとって身近な取り組み事例は、報告されることはほとんどない。ＪＡは、准組合員対策の最重要課題として管内農畜産物の買い支えを取り上げ、英知を絞って取り組むべきであろう。

また、買い支えの取り組みについて、都市化地帯のＪＡにあっては、管内の農産物生産が希少で農業振興に貢献するといってもやりようがないといった事情もあろうが、その際は、なにもＪＡ管内だけに目を向けることはない。都市化地帯の准組合員として、ＪＡの枠を超え、県域もしくは全国域での農産物を買い支えるなど、農業振興に貢献できる道はさまざまにあると考えられる。工夫を凝らした取り組みを進めたい。

さらに、「ＪＡ活動を通じた地域農農業振興への貢献」としての、①組織、②事業、③経営面での参加・参画については、「食を通じた地域農業振興への貢献」の内容以上に、准組合員対策としてすでに進められているものが多い。

①の組織活動については、農業祭などＪＡが行う各種イベントなどへの参加、②の事業活動については、信用・共済等の各種の事業利用、③の経営面では、准組合員の理事等への登用などさまざまである。

これまでに述べたように、いずれにしても、ポイントは、これまで取り組んできたさまざまな准組合員対策について、その目的を、地域農業の振興に貢献することと明確にすることが重要である。

そうすることで対策に一本の線が入り、すべての対策が活き活きとしてくるはずである。また、准組合員加入にあたって、動機づけのために、地域農業の振興に貢献する誓約書をとるなどの工夫も必要だろう。

繰り返しになるが、新たな准組合員対策といっても、特別に身構えることはない。以上に述べた対策の多くは、すでにＪＡで取り組まれていることから、その延長線上で、できるところから対策を考え、広げて行けばよいだろう。

また、運営面では、准組合員に対して制限付き議決権（意志反映のための議決権）を与えるとしている。

以上のほか、さらに踏み込んだ対策として、准組合員による「農業振興クラブ」の結成と推進を掲げている。この取り組みは、前述の取り組みとは違い、ＪＡがオリジナルな対策として進めるものである。

その内容は、①正組合員よし、准組合員よし、ＪＡよし、国民的理解（准組合員事業利用規制阻止）よしの、三方ならぬ四方一両得をねらうこと（四方の得とは、准組合員による管内農産物の一定額の買い上げの実現による、ア、正組合員の所得増、イ、准組合員の割引価格での安心・安全な食の確保、ウ、ＪＡの取り扱い増、エ、国民的理解の促進をいう）②准組合員（六〇〇万人）を農業振興の旗印のもとに組織化すること、③「農業振興クラブ」規約を明示し、全国共通のビジネスモデルとして推進すること、④進め方は、ＪＡごとに工夫することなどとなっている。

また、農業振興クラブへの加入推進として、拠点ＪＡ・中央会・新世紀ＪＡ研究会を核にした、全国展開をはかることにしている（推進目標は、例示として、当面三か年で六〇〇万人）。

そのほかの加入推進策として、①チラシ・ネット・個別訪問等による加入推進、②会員カードの発行などを掲げている。さらに、将来的には、「農業振興クラブ」の都道府県・全国段階における連絡組織の結成も視野に入れている。

また、「農業振興クラブ」を全国のビジネスモデルとして展開するための規約例では、「農業振興クラブ」が准組合員の自主的な組織であること、またその自覚を促すために、年間一人当たり一，二〇〇円（月一〇〇円）の会費を徴収することを提案している。

「農業振興クラブ」は、JAグループ全体のビジネスモデルの構築として取り組むことが肝要と思われ、取り組み方法はJAごとに創意工夫を凝らすとしても、可能な限り同じ規約に基づいて進めたいものである。

小委員会報告にあるように、当面、全国で六〇万人の准組合員の組織化が可能になれば、事業上もJAにとって大きな力になるし、対外的にも准組合員が農業振興に果たす役割を明確にすることができる。

また、そうすることで国民に対して、総合JAの新たな姿について説得力を持つことになる。

ただ、「農業振興クラブ」は、准組合員の自主的な組織といっても、共益権のない准組合員が自ら進んで組織づくりをすることはない。そこは、准組合員の意を酌んでＪＡが全体構想をつくり、意志ある准組合員にそのとりまとめ役をお願いするという形をとるべきであろう。

なお、新世紀ＪＡ研究会第二四回課題別セミナー（平成三一年三月一五日開催）では、ＪＡ東京みなみの志村孝光常務理事から、（株）コストコ（メンバーシップ制ウェアハウスクラブ）のフォールセールのビジネスモデルを引き合いに、農産物直売所を軸にした「農業振興クラブ」結成の腹案が示されている。

15　スイスで一個八〇円もする国産の卵が売れている原動力は、消費者サイドが食品流通の五割以上のシエアを持つ生協に結集して、農協などを通じて生産者に働きかけ、ホルモンの基準を設定・認証して、健康、環境、動物保護、生物多様性、景観に配慮した生産を促進し、その代わり、できた農産物に込められた多様な価値を価格に反映して消費者が支えていくという強固なネットワークを形成できていることにある。

また、カナダの牛乳は一リットル三〇〇円で日本より高いが、消費者はそれに不満を持っていない。その背景には、米国産の遺伝子組み換え成長ホルモン入りの牛乳は不安だから、カナダ産を支えたいという意識があるという。

（前掲、鈴木宣弘資料参照）。

以上のような取り組みは、高度な消費者意識と生産者との強い信頼関係があって初めて可能となる。将来的な取り組みは別にして、当面は地域内特産物の買い支えなど、できるところから取り組みをはじめていきたい。

9 新たな准組合員対策の意義と進め方
～立ち位置の明確化と柔軟な対応

准組合員問題は、今回の農協改革で浮上したＪＡにとって最重要の課題である。また同時に、戦後長年にわたって放置してきた課題でもある。

したがって、ＪＡグループはこの問題に対して、しっかり向き合って対策を考えていかなければならない。

これまで述べてきたこととの重複もあるが、最後に以下の点を指摘しておきたい。

（一）准組合員の事業利用規制問題は、二〇二一年三月までの組合員の事業利用状況や改革の結果をふまえた決着がつけられることになるが、その結末を今から予断することはできない。だが、その結末とは別に、ＪＡは、准組合員問題について、今後の対応姿勢を明確にしていくことが重要であり、この問題をＪＡの将来方向を決める重要な契機ととらえる必要がある。

また、そのことを通じて、准組合問題を通し国民に対して、ＪＡは食の安全・安心を提供する存在であるという、立ち位置を明確にしなければならない。

それは、これまで国が准組合員制度を認めてきたことをＪＡの既得権益としてひたすら守るのではなく、今度は、われわれが国に対して、ＪＡは准組合員とともに農業振興を行う存在であることを示していくことでもある。

准組合員制度は与えられたものだとして、既得権益ばかりを主張すれば、今回の結果はどうあれ、ＪＡは自らの組織のあり方をつかれ、間断のない批判の嵐にさらされることになる。

(二)これまで、ＪＡは、准組合員問題について、ほとんど対策らしきものを持ってこなかった。准組合員制度は、ＪＡにとって員外利用を回避するための主に、信用・共済事業を伸長させるために利用されたのであり、本格的な准組合員対策は必要とされなかったからである。

准組合員対策といえば、准組合員にいかにＪＡ活動に参加してもらうか、もしくはＪＡの活動をいかに理解してもらうかの内容だったに過ぎない。それは、准組合員制度が、国から与えられてきたことからくる、当然の結果でもあった。

(三)これまでの准組合員対策が、ほとんど内容をなさないものであった理由は何であったのか。

この点について、最大の理由は、准組合員の位置づけにあり、これまでの「協同組合運動に共鳴し、事業利用が適切な者」という位置づけでは、肝心な協同活動の目的がはっきりせず、内容のある対策となりえなかった。

今回、小委員会の協議をへて、准組合員の位置づけについて、「食とＪＡ活動を通じて地域農業の振興に貢献する者」と明確にされた。

このことにより、国民に対するＪＡの准組合員に対する立ち位置が明確になり、同時に、これまでＪＡが行ってきた、あいまいなすべての准組合員対策が見直され、意義あるものとなってくる。

(四)准組合員の位置づけについて、農業振興に軸足を移すことに懸念を示す意見もある。だが、これまでとられてきた准組合員対策は、その目的がはっきりしなくても、農業振興を意識するかどうかは別にして、ＪＡ活動への協力を要請したものであった。

したがって、その気になれば、農業振興の位置づけのもとに対策を講じていくことは、そうむずかしいことではないし、そうすることによって、これまでの対策を含め、すべての対策が生き生きとしたものになってくるはずである。

それに、一部の地域インフラ整備が進んでいない地域を除き、准組合員の位置づけを農業振興以外に求めることは、ＪＡが農協ゆえにできないことだろう。

[16]とは言え、組合員制度に関連していえば、今では当り前になっている一戸複数組合員〜青年や女性の組合員加入は、全中の総合審議会答申（一九八六年）でその方向が決定されて以来、定着までに、実に二〇年の歳月を要している。

ＪＡは巨大組織で小回りが利かず、中央会制度が機能していた時でさえ、このように多くの時間を要している。

これから一社全中に移行するなか、ＪＡは中央の指令がなければ動けない、などと言う無責任・保守的な態度をとることなく、自己判断で新たな准組合員対策を推進していくことが重要だろう。

これまでに述べたように、ＪＡは制度に守られ、事業展開をしてきた。とくに、准組合員対策に対しては、目的がはっきりせず、員外利用規制回避のために加入が進められてきたという事情があり、農と食を通じて農業振興をはかるという、内実のある准組合員対策の推進は、初めてのことである。

これまで、ＪＡにとって組合員は与えられたものであり、准組合員についても、農業振興という自らの目的をもって、組合員を組織化する仕事は初めてのことになる。

それゆえ、この対策が全国的なものとなるには、相当の時間がかかることを覚悟しなければならない。それでも、目的がはっきりしていれば、ＪＡの組織力をもってすれば、それは不可能なことではないだろう。まさに、ＪＡとして本格的な組織運動の力が試されているといって過言ではない。

(五) 准組合員の実態を見れば、①農業振興に意志ある者、②農業振興に潜在意識のある者、③農業振興の意識なく、信用・共済事業の利用と収益で、結果として農業振興に貢献している者に大別できるだろう。

これらの准組合員について、①は、准組合員組織の部会長などコアのリーダー的存在に、②は、農業振興の動機づけを行い、サブリーダーに、③は、農業を学び、将来のリーダーにと位置づけることで、対策を講ずることができる。

(六) 准組合員の位置づけを、「食とＪＡ活動を通じて地域農業の振興に貢献する者」とすることにより、ＪＡは「農」を准組合員にセールスし、准組合員は、食でそれにこたえるという図式を描くことで、六〇〇万人という巨大マーケットを手にすることができる。

ＪＡ経営は、これから信連・農林中金の奨励金の削減が確実で、多くのＪＡで赤字決算となるシミュレーションも行われている。こうした状況の中での経営戦略の基本は、他の企業におけると同様、ＪＡにおいても、顧客（組合員）の囲い込み、組織化である。

アマゾンや楽天などのネット上のパスワードは、ネット企業にとっての会員番号と考えて差し支えなく、利用者のビッグデータを使って、顧客の先を読む需要の創造を行っている。

ましてＪＡの場合、准組合員は、数万円の出資金まで払ってメンバーになって頂いた、願ってもない存在だ。ＪＡは、農と食を事業の核に位置づけ、この巨大マーケットの深耕を図ることを戦略の柱にすべきだ。普遍的な価値を持つ、農と食のマーケットは、深耕次第で無限の可能性を持っている。

（七）さらに、役職員の意識啓発にも、准組合員の位置づけを、「食とＪＡ活動を通じて地域農業の振興に貢献する者」とすることは有効な対策となる。

これまでの役職員の意識啓発は、教育文化活動のなかで、ひたすら組合員主体の協同活動の意義を学んできたという側面が強かった。

だがこれからは、そうした協同組合一般論に加え、准組合員を仲間に取り入れることで、農と食に的を絞った意識啓発の取り組みが必要となってくる。

ＪＡにおける事業推進の柱は農業振興にあることを明確にすることで、役職員の目標が明確になり、かつ、農と食という普遍的価値を共有することで、役職員はプライドを持って事業推進にあたることができる。

それにしても、農と食に関する問題領域は広く、そして深い。農業振興のための准組合員対策には、役職員にとって事業・業務知識の習得に加えて、農と食の架け橋の役割を果たすべく、幅広い問題意識と不断の学習が重要となる。

16　今では信じられないことだが、それまでは、一戸一組合員が原則であった。農業経営の主宰権を持つのは、戸主という意見が支配的だったからである。

10 ソサエティ五・〇とＪＡ
〜ＳＤＧｓを協同活動の規範に

最後に、ソサエティ五・〇とＳＤＧｓについて述べておきたい。

（一）ソサエティ五・〇[17]

政府は平成三〇年六月、「未来投資戦略二〇一八」（以下二〇一八年版）を閣議決定した。戦略の重要なキーワードの一つが「ソサエティ五・〇」である。「ソサエティ五・〇」は、二〇一八年版に先立つ二月に閣議決定された「未来投資戦略二〇一七」ではじめて提唱された未来社会のコンセプトである。

少し長くなるが、二〇一八年版の冒頭部分を引用してみよう。

『こうした中、日本は、企業の優れた「技術力」や大学等の「研究開発力」、高い教育水準の下でのポテンシャルの高い「人材」層、ものづくりや医療等の「現場」から得られる豊富な「リアルデータ」、企業や家計が保有する潤沢な「資源」に恵まれながら、そうした資源を経済社会システムの革新や新ビジネスの創出に戦略的かつスピード感を持って活用できているとは言い難い。手をこまねいて後手に回ると、日本は新たな国際競争の大きな潮流の中で埋没しかねない。

他方、日本は、人口減少、少子高齢化、エネルギー・環境制約など、さまざまな社会課題に直面する「課題先進国」。現場からの豊富なリアルデータによって、課題を精緻に「見える化」し、データと革新的技術の活用によって課題の解決を図り、新たな価値創造をもたらす大きなチャンスを迎えている。

日本は、世界に先駆けて人口減少に直面することから、他国に比べ、失業問題といった社会的摩擦を引き起こすことなくＡＩやロボットなどの新技術を社会の中に取り込むことができるという点で優位な立ち位置にさえある。

そのチャンスを現実のものにするためには、民間も行政も、過去の成功体験にとらわれた内向き志向や自前主義から一八〇度転換し、既存の組織や産業の枠を越えて、技術と人材、データと現場の新たなマッチング等を通じたオープンイノベーション、社会変革を飛躍的に進めることが不可欠である。』（傍線筆者）

引用の最後の文節（傍線か所）は、まさに本書で言わんとしていることと合致している。ここで述べられていることのミソは二つ、「技術と人材」だ。

ＪＡにとってのマネジメント上の「技術」、それは総合事業と准組合員制度であり、これによって農業振興に向けた新たなビジネスモデルを確立し、さらに深化させることである。それにはイノベーションが必要になる。

イノベーションを創出し実践するためには、これまでの内向きのベクトルを一八〇度転換し、正・准を問わず多様なステークホルダーを「協同活動」に巻き込まなければならない。

そのためにはトップ自らが見識を広くもち、才能のある「人材の確保」、「人材の教育」にまい進することが重要である。

（二）ＳＤＧｓ

二〇一五年九月、国連は「持続可能な開発目標」（ＳＤＧｓ）を採択した。わが国でも平成二八年に推進本部が設置され、行政、民間を問わず多くの組織が活動に取り組んでいる。

ＪＡでいえばこれまで連綿として引継がれてきた地域内での女性部、青年部、各生産部会等の組合員活動は、あらためていうまでもなくＳＤＧｓの取り組みそのものである。

「わたしこそは」「おれこそは」という組織は、国が開催する「ジャパンSDGsアワード（賞）」にぜひとも応募して欲しい。というのも、これまで過去二回「パルシステム生活協同組合連合会」（第一回受賞）、「日本生活協同組合連合会」（第二回受賞）と生協陣営の受賞が続いていることもあって、同じ協同組合陣営として少々はがゆい思いがあるからだ。しかし、本当の狙いはそこではない。かつてレイドロー博士が絶賛した「総合事業」を協同活動の要としているJAのビジネスモデルこそ、日本のSDGsとして真っ先に世界に紹介しなければならない取り組みである。

そのためには、農業振興を新たなビジョンに掲げ、准組合員とともに協同活動を活性化させ、ビジョン達成に向けて多様なステークスホルダーとの関係を構築することが求められている。いずれ、国連で「世界SDGsアワード」が開催されたあかつきには、その場に多くのJA諸氏が列席していることを期待したい。

17　ソサエティ五・〇とは、狩猟社会（ソサエティ一・〇）、農耕社会（ソサエティ二・〇）、工業社会（ソサエティ三・〇）、情報社会（ソサエティ四・〇）に続く、新たな社会を意味する。

付属資料

新たな准組合員対策

～准組合員の位置づけと農業振興への貢献～

平成三一年三月一五日　新世紀ＪＡ研究会　企画部会・小委員会

I 現状と経過

一　現状

（一）正・准組合員の推移（全国）

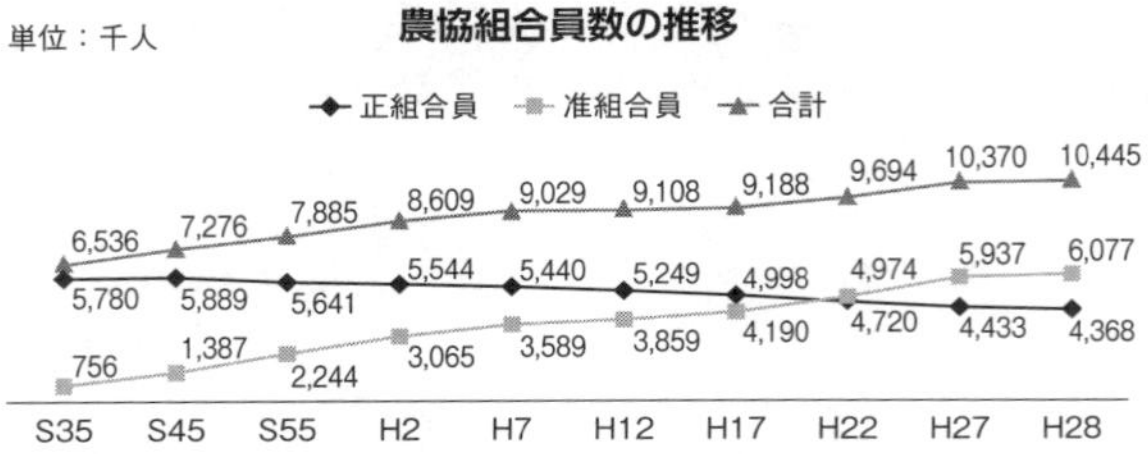

（二）正・准組合員の割合（地域別）

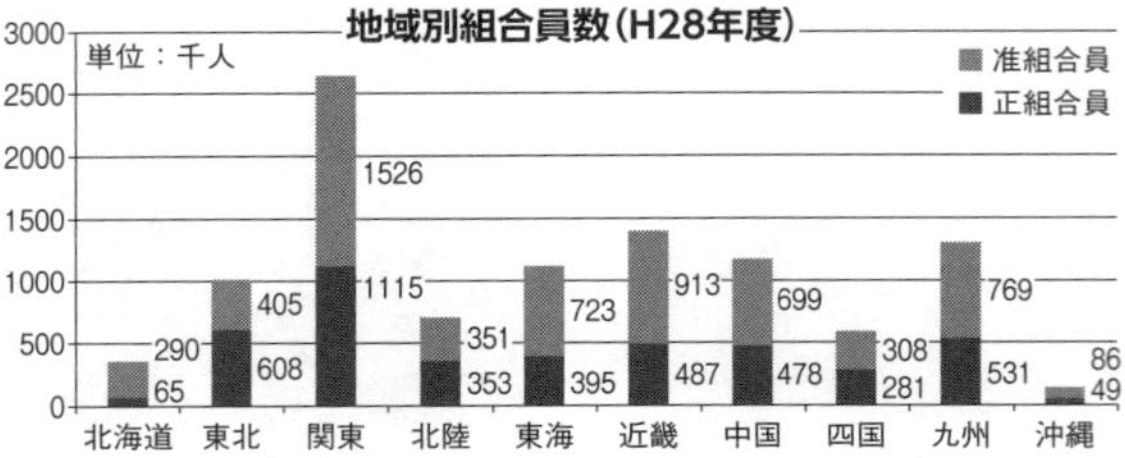

資料：農林水産省「総合農協統計表」

コメント

地域別に差があるものの、総体として准組合員数が正組合員数を上回る状況であり、正組合員は減少、准組合員は上昇基調である。

二　准組合員取り組みの経過

（一）ＪＡ全中の取り組み

①ＪＡ全中総合審議会（一九七六年）

総審の答申

准組合員の農協運営における位置づけの明確化について

（一）准組合員の加入については、農協が農民に基礎をおいた組織であることをふまえ、協同組合運動に共鳴し、安定的な事業利用関係が可能な者を中心に、地域の実態に応じてその加入をすすめる。

（二）准組合員の農協運営への参加については、正組合員中心の運営に差し支えない範囲で必要に応じて、集落の座談会および生活関係の委員会への参加などにより准組合員意思反映方策を講ずる。

（三）准組合員が協同組合についての理解を深め、各種組合員組織の協同活動に積極的に参加するよう情報の提供、組合員教育の充実などその対応を強化する。

②ＪＡ全中総合審議会（一九八六年）

総審の答申

（一）後継者・女性の農協加入の促進

正組合員資格を有する後継者・女性のうち農協加入を希望する者については、農協加入を促進して一戸複数正組合員化を推進する。また、後継者・女性の農協運営への意思反映の強化をはかる。

（二）准組合員対応の強化

農協は農業面における正組合員の要請に十分対応しつつ、協同組合運動に共鳴する安定的事業利用者に対して准組合員加入をすすめる。また、准組合員に対しては農協運営への参画を求める。

③ＪＡ全中　大会議案等策定にあたっての基本的な考え方（二〇一八年九月）

准組合員の「農」に基づくメンバーシップの強化

准組合員は、「地域農業や地域経済の発展を農業者と共に支えるパートナー」であり、「地域農業振興の応援団」「地域振興の主人公」です。ＪＡは、准組合員のメンバーシップ強化について、「食べて応援」「作って応援」に取り組むことで、正組合員の「農業者の所得増大」「農業生産の拡大」を後押しします。

コメント

ＪＡ全中では、第二七回全国大会より准組合員を「農業振興の応援団」と位置付けたが、踏み込みが弱かった。また、大会議案等策定での基本的な考え方においても、准組合員の位置付けが従来通りであり、准組合員の事業利用規制に対して有効な対策にはなっていない。

（二）ＪＡにおける取り組み

全国のＪＡでは准組合員に対し、食や農の観点から各種取り組みが行われている。

①食に関する取り組み

⇓准組合員や地域住民に対する料理教室、准組合員による直売所モニター制度

②援農に関する取り組み

⇓准組合員や地域住民による援農ボランティア制度（農協主催や行政との連携あり）

コメント

一見したところ、いずれも准組合員の位置付けがあいまいである。また、援農ボランティアについては、行政との協力体制のもと実施している場合が多く、ＪＡが主体となり准組合員に対して対策を行っているケースは少なく、ＪＡの准組合員対策としては有効な策とは言えない。

准組合員対策は、ＪＡの将来像と不可分であり、将来像との関連で対策を考えることが重要である。なお、既存の取り組みについては、ＪＡの将来像をふまえた准組合員の位置付けが明確となれば、准組合員対策として有効である。

なお、将来像は「職能組合」・「地域組合」の二軸論からの脱却が前提である。

Ⅱ 問題の所在

〈問われているＪＡ組織の基本的性格〉

（一）正准組合員数逆転の下でのＪＡ組織のあり方
⇓約一〇年前に准組合員数が正組合員数を上回った事実

（二）新しい農業振興のあり方の提示
⇓生産者だけで農業振興ができるのか。消費者あっての農業振興ではないのか。

（三）組合員に関する基本的対策がなければ常に危機にさらされる
⇓准組合員の位置付けが明確でなければ、危機は乗り越えられない

（四）政治力には限界があり、ＪＡ自ら対策を提示することが得策
⇓ＪＡ自らの意思がなければ誰も助けてはくれない

（五）ピンチをチャンスに変える
⇓今ならできる。今しかできない。

Ⅲ　基本方向

一　農業問題・農業振興のあり方

（一）農業振興は「生産の主人公たる正組合員」と「食の主人公たる准組合員」でという新路線の確立

①農協改革は、①新たなJA像の下でJA運動を展開するのか②従来路線を継続するのかの二者択一である。

②従来の准組合員は信用・共済事業の収益で農業振興に貢献しているが、これは結果論であり多くの准組員にとってその意思はない。そのために多くの「意思なき組合員」が生まれてしまった。

③准組合員の農業や食とJA活動に関する声を把握しなければ始まらない。

④准組合員を農業振興という意思ある存在に位置づけ、制限付議決権（意思反映のための議決権）を与える。なお、将来的な議決権等のあり方については引き続き検討を行

う。また、理事への登用など運営参加を進める。

⑤農業振興に貢献する意思を持つ准組合員に対して、事業利用規制の根拠を与えない。

（二）食料・農業・農村基本法に定める基本理念の追及（一，〇〇〇万人のＪＡ運動）

平成二六年の「食料の供給に関する特別世論調査（内閣府）」によると八三％が食料供給に不安を抱いている。

下記の図は、地域住民が地域農業振興への貢献意思を示しＪＡ組合員となり、「食とＪＡ活動」を通じて農業振興に貢献することを示したものである。地域農業の振興により便益を受ける者は地域住民であり、全国ＪＡがこの運動を行うことで、国民が便益（国民経済の発展に寄与）を受けることになる。

《国民の食を守るには1,000万人のＪＡ運動が必要》

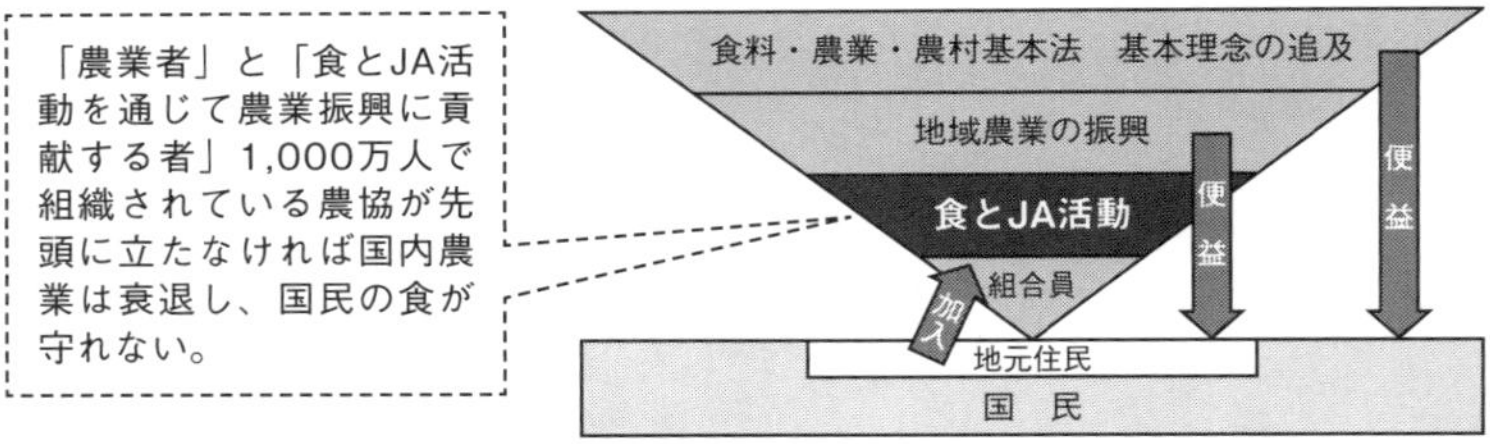

Ⅳ 准組合員の位置づけ

准組合員の定義解釈変更を提案する。准組合員をどのように位置づけるかで准組合員対策の成否が決まるからである。

一　准組合員定義の解釈変更

解釈	内容	目的
今まで	地区内に住所を有する者でＪＡ利用を相当とする者	協同活動
これから	食とＪＡ活動を通じて農業振興に貢献する者	農業振興

※「食」とは、農畜産物の買い支えや食に関する活動を意味する。
※「ＪＡ活動」とは、ＪＡの組織・事業・経営の諸活動を意味する。

二　准組合員と法律の繋がり

（一）農業協同組合法

第一条
この法律は、農業者の協同組織の発達を促進することにより、農業生産力の増進及び農業者の経済的社会的地位の向上を図り、もつて国民経済の発展に寄与することを目的とする。

⇓准組合員が貢献できることは「農業生産力の増進」である。

（二）食料・農業・農村基本法

第十二条（消費者の役割）
消費者は、食料、農業及び農村に関する理解を深め、食料の消費生活の向上に積極的な役割を果たすものとする。

⇓准組合員は消費者の役割をもって、農業生産力の増進（農業振興）に貢献する。

農政の憲法と言われる食料・農業・農村基本法を鑑み、農協法第一条の達成を目指す。

ＪＡでは、准組合員を消費者の代表と捉えることができる。重要なのは、生産者に対する消費者という対義ではなく、消費とは「食」を表し、いわば畑と食卓の両面から地域農業振興に貢献する者をＪＡ組合員と定義することである。

すでに平成一三年の農協法改正で、ＪＡの地区内に住所を有しない者であっても、ＪＡから産直で農産物の供給を受けている者やＪＡが設置する市民農園の利用者などは准組合員資格を認めることとなっている。

《イメージ図》

農協法	第1条	国民経済の発展に寄与 農業生産力の増進【農業振興】
食料・農業・農村基本法	9条：農業者の努力義務	12条：消費者の役割
組合員資格	正組合員	准組合員

Ｖ　基本的な活動の提案

基本的には、准組合員も正組合員と分け隔てなく対応し、ＪＡ活動に参加することとするが、准組合員独自の活動として、以下の通り取り組みを進める。

〈全てのＪＡで取り組む事項〉

一　食を通じた地域農業振興への貢献

(一)　管内農畜産物の買い支え

日常的に直売所の利用等を通じて農畜産物を買い支えるほか、部会等を通じて買い支え目標等を設定して取り組む。また、直売所運営委員会等に准組合員として参加する。

(二)　食に関する意見具申

日常的、もしくは部会等の活動を通じて、安全・安心、食筋、使い勝手等について食に関する意見具申を行う。

(三)　料理教室への参加

料理教室への参加を通じて、農と食に関する理解を深める。また、企画段階から准組合員の参加を求める。

（四）体験農園への参加

ＪＡが行う体験農園に参加し、農に対する理解を深めるとともに、農業経営への参入を促す。

（五）援農に関する取り組み

農繁期等において、有償・無償の農作業支援の取り組みを行う。

（六）食農・学童教育への参加と意見具申

ＪＡが行う食農・学童教育に参加し、食の面から意見具申を行う。

（七）モニターとしての参加

上記食に関する取り組みについて、モニターとして参加し意思反映を行う。

二　ＪＡ活動を通じた地域農業振興への貢献

（一）組織面における対策について

准組合員による各種部会組織の育成をはかるが、将来を見据え、その中核的な部会組織として「農業振興クラブ（仮称）」を位置づける。

（二）事業面における対策について

①営農・経済事業

営農・経済事業全般、および直売所・ＪＡ販売事業等を通じた農畜産物の販売と利用促進、ＪＡ出資型農業生産法人への出資等

②信用事業

農産物奨励施設付き貯金、農園付き住宅ローンなどの貸付事業の開発・推進と利用促進

③共済事業

ひと・いえ・くるまの総合保障、農業振興にリンクした新商品の開発・推進と利用促進

④高齢者対策、資産管理事業等

農業振興と関連付けた事業の推進・参加

⑤教育・文化、広報活動について

組合員教育・文化、広報活動等を通じた准組合員対応と参加の強化・促進

（三）経営面における対策について

理事への登用など経営への参画を促進する。

（四）運営面における対策について

活動内容を勘案し、准組合員に対して制限付議決権（意思反映のための議決権）を与える。

三　准組合員の加入促進

食とＪＡ活動を通じて地域農業の振興に貢献する者について、准組合員の加入を勧める。なお、加入にあたっては、農業振興貢献の意思を文書等で確認する。

〈准組合員による「農業振興クラブ（仮称）」の結成と推進〉

一　ねらい

①「農業振興クラブ」の結成により、正組合員よし、准組合員よし、ＪＡよし、国民的理解（准組合員事業利用規制阻止）よしの四方一両得をねらう

②准組合員（六〇〇万人）を農業振興の旗印のもとに組織化する

③「農業振興クラブ」（仮称）規約の明示（全国ビジネスモデル）と推進

④「農業振興クラブ」規約は全国共通のものとし、進め方はＪＡごとに工夫する

二「農業振興クラブ」への加入推進

①拠点ＪＡ・中央会・新世紀ＪＡ研究会を核にした加入運動の全国展開（推進）
②目標の設定（例：当面三か年で六〇万人の組織化を図る）
③チラシ・ネット・個別訪問等による加入推進
④会員カードの発行

三　「農業振興クラブ」会員の管理
①加入脱会の管理　②会費の徴収　③事業・ＪＡの利用状況の把握

四　都道府県・全国段階における連絡組織の結成

五　規約について

准組合員の自発的かつ持続可能な活動とするためには、組織化が必要である。そのための規約例を示す。

特徴としては、①准組合員のうち規約に示す目的に賛同する者が加入すること（准組合員の自主管理）、②会費負担（一，二〇〇〇円／年）を求めることである。具体的な取り組み事項や会費負担について、すべて会員の自主判断のもとに行う。会費の徴収は会員の自覚を促す大きな力として活用する。

「農業振興クラブ　規約」(例)

○○○○年○○月○○日
○○農業協同組合

第1章　総則
(目的)
第1条　○○○農協協同組合農業振興クラブ（以下、当クラブ）は、○○○農業協同組合の准組合員が、「食」と「JA活動（組織・事業・経営)」を通じて、地域農業・国内農業振興に貢献することを目的とする。
(名称)
第2条　当クラブの名称は、「JA○○　農業振興クラブ」とする。
(会員)
第3条　当クラブの会員は、○○○農業協同組合の准組合員のうち当クラブの規約に賛同し、加入を表明する者で構成する。なお、脱退は、規約の違反、脱退の表明及び組合員資格の喪失による。
(事務局)
第4条　当クラブの事務局を○○○農業協同組合　○○部に置く。

第2章　活動
(活動の内容)
第5条　第1条の目的を遂行するため、次の各号の活動を行う。
1. 「食」を通じた農業振興貢献への実践と提言
2. JA活動を通じた農業振興貢献への実践と提言

3. 農業分野における食生活向上に資するための教育・文化・広報活動
4. その他、地域農業・国内農業振興に必要な活動

（役員）
第6条　当クラブに会長1名、副会長2名、理事若干名、監事2名を置く。
1. 会長は当クラブを統括し執行の責に任ずる。副会長は会長を補佐し、会長に事故あるときは、その責務を代行する。
2. 役員は総会により選出する。
3. 役員の任期は、2年とする。但し、再選を妨げない。

第3章　機関
（総会）
第7条　当クラブの最高意思決定機関として、会員による総会を置く。総会は役員会の決議を経て、年1回会長が招集する。また、随時臨時総会を招集する。
（議事の決定）
第8条　議事は、会員出席者の過半数の賛否をもって決定する。
（総会の付議事項）
第9条　総会への付議事項は、次の通りとする。
1. 事業計画と報告
2. 予算と決算報告
3. 役員の選任と解任
4. 会費の徴収
5. 規約の設定および改廃
6. その他

（役員会）
第10条　当クラブの執行機関として役員会を置く。役員会は、会長・副会長・理事・監事で構成し、随時開催する。
第11条　役員会は、総会への付議事項のほか、必要な事項について審議する。
（会費）
第12条　第1条の目的を達成するため、会員から会費を徴収する。会費は一人当たり、年額1,200円（月額100円）とする。但し、中途退会者には、財産・会費の分配・払い戻しは行わない。
（年度）
第13条　当クラブの事業・会計年度は、4月1日～3月31日とする。

〈全国連の既存サイトの活用の検討〉

一　ＪＡ活動を補完する仕組みとして

准組合員の多様なライフスタイルを考慮すると、自ら出向いてＪＡ活動を行うことが難しいことと想定する必要がある。そこで、気軽に国内農畜産物が購入できるｅコマーズが必要と考える。基本的にはオイシックスや生協のｅコマーズと同じであるが、ＪＡらしさとして、自らの国内農業に対する貢献度合いや国内農業の状況がわかる仕掛けを取り入れたい。

既存のサービスとしてＪＡ全農のＪＡタウンがあるが、准組合員のライフスタイルにあわせたミールキット商品の提供や、ほかにもプラスαのＪＡらしさが必要である。

たとえば「山梨のブドウ」を選択したら関連商品が出てくるだけでなく、山梨県で開催される農業体験ツアーや農業イベントが表示されるなど、体験や観光もあわせて提供できる仕組みが考え

《イメージ図》

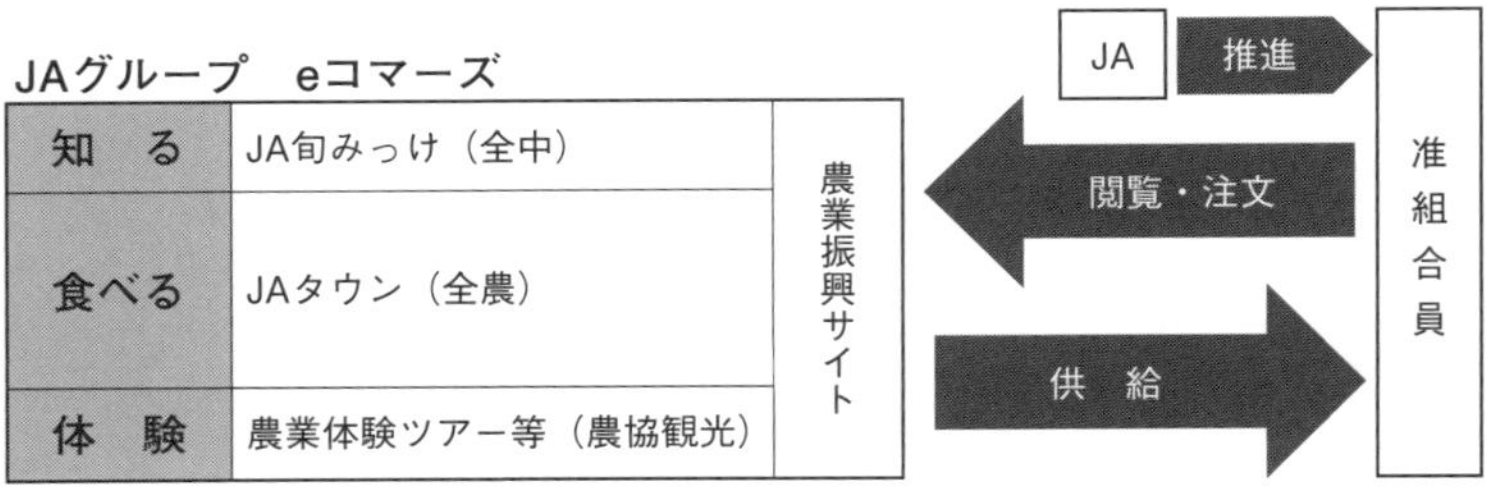

られる。そこは農協観光に協力いただきたい。

また、国産農畜産物や食文化が学習できるコンテンツもＪＡらしいといえる。これはＪＡ全中の「ＪＡ旬みっけ」に協力いただきたい。

二　住宅ローン准組合員にも対応できる

ＪＡで住宅ローンを利用している准組合員の属性をみると、共働きである場合が見受けられることから、オイシックスやアマゾンフレッシュなどを活用している可能性がある。そこでＪＡグループがｅコマーズを提供できれば、ＪＡの利用価値が広がる。

また、この准組合員は「ＪＡ活動を通じた農業振興に貢献する者」から「食とＪＡ活動を通じて農業振興に貢献する者」へとなる。早急に全国版のサービスが開始できるようにＪＡグループで協議を行いたい。

Ⅵ 最後に

一 食料・農業・農村基本計画の改訂

ＪＡ全中が行う政策提案では、食とＪＡ活動を通じて農業振興に貢献する者である准組合員を含めて議論することが、ＪＡの准組合員の位置付けを社会に示す第一手となる。ＪＡ全中の中家徹会長も農政ジャーナリストの会の講演で「基本計画に食料安保を明記するためにも消費者等を巻き込んだ議論が必要」と述べている。

また、議論の過程では基本計画を知ってもらう機会になるばかりか、自らの意思がＪＡを通じて国の農業政策に反映するとなればその意義が大きい。准組合員にとって、生産者とともに地域農業を守るというパートナーシップ醸成の第一歩となる。

二 「農業振興」が組合員の共通の願い

准組合員の位置付けを「食とＪＡ活動を通じて農業振興に貢献する者」と明確にすることで、「農業振興」が組合員の共通の願いとなる。食べてくれるから生産できる。生産してくれるから食べられる。そのような畑と食卓をつなぐ活動ができるのはＪＡである。

三　農と食を基軸として地域に根ざした協同組合

組合員が主体となり、地域農業の振興を通じてくらしの向上を図り、結果として地域社会が活性化（ヒト・モノ・カネの循環）するというサイクルを協同組合でマネジメントすることがＪＡグループの目指す姿である。

農業振興は食を育み、くらしを潤し、地域社会を繁栄させるものであることを再認識し、これからのＪＡ運動の糧としたい。

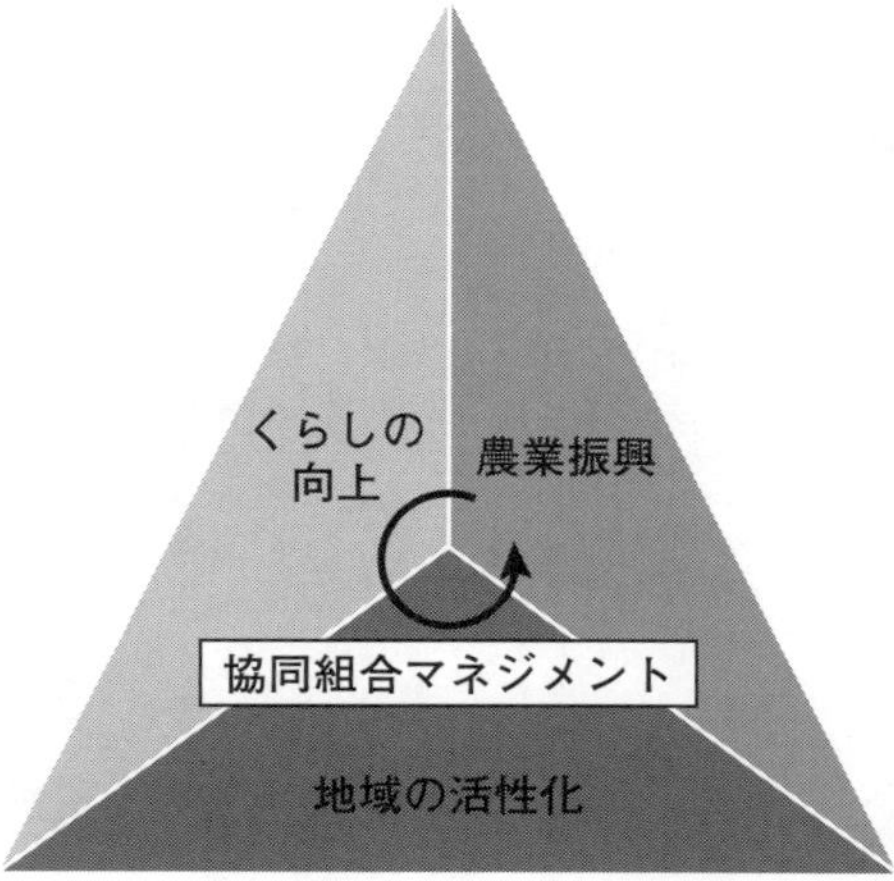

〈付〉准組合員の食とＪＡ活動の整理

一　ＪＡの取り組み

ＪＡの取り組みについては、既存の活動を活かすことが有効であると考えることから、新たな准組合員の位置付けから地域農業振興に繋がる取り組みを整理するフレームを提案する。

①整理のためのフレーム

目　的	地域農業振興			
代表的な取り組み内容	直売所		運営参加	
	料理教室		組織参加	
	体験農園		教育文化活動	
	援農		総合事業	
	食育等			
方　法	食		JA活動	
位置付け	准組合員：「食」と「JA活動」を通じて農業振興に貢献する者			

※グレー欄にJAの既存の活動を入力する。項目は代表的なもの。

②JAはだのの整理【総会資料より抽出】

目　的	地域農業振興			
代表的な取り組み内容	直売所	じばさんず、特産センター他	運営参加	総会への参加
	料理教室	ふるさと料理教室	組織参加	基礎組織への参加／組合員のつどい
	体験農園	はだの市民農業塾／はだの満喫CLUB	教育文化活動	組合員基礎講座
	援農	カーネーション片付け隊	総合事業	信用・共済等
	食育等	学童農園等、ちゃぐりんスクール、夏休み・冬休み子ども村		
方　法	食		JA活動	
位置付け	准組合員：「食」と「JA活動」を通じて農業振興に貢献する者			

ＪＡはだのでは、食とＪＡ活動により農業振興に貢献する活動を網羅的に実践している。また特徴的な活動として「ＪＡはだのみんなで地産地消運動」を二〇一六年の通常総会で特別決議している。その内容は以下のとおり。

ＪＡはだの自己改革への挑戦に関する特別決議

私たち、ＪＡはだの組合員は、日本一おいしい水で育てた秦野の農畜産物が「ふるさとの味」「ふるさとの香り」としていつまでも心に残るよう「地産地消」への取り組みをさらに強化します。

全ての組合員が、一日一品以上の地場産農畜産物を食し、地場産の花を家庭に飾ることで、農業者の生産意欲向上による農業振興、生産者と消費者が一体となった食への安全安心追求など、心身ともに健康で明るく豊かな生活をおくることを目的に「ＪＡはだのみんなで地産地消運動」に取り組みます。

正組合員・准組合員がともに運動を実践することで、協同組合の精神が発揮され、ＪＡはだのが自己改革として挑戦する「農業者の所得増大」「農業生産の拡大」「地域の活性化」

を達成します。

また、組合員と役職員が組織を挙げて秦野の農業の魅力を広くＰＲすることで、農業の果たす多様な役割や食の安全安心への関心をさらに高め、基本理念である「夢のある農業と次世代へつなぐ豊かな社会を地域できずく」の実現をめざします。

以上、決議する。

二〇一六年五月二〇日
第五三回秦野市農業協同組合通常総会

二　整理する際の注意点
（一）ＪＡの取り組みの棚卸しを行う。
↓目的と活動内容が准組合員の声及び取り巻く環境にあっているかを整理する。
（二）整理したＪＡの取り組みを、上記フレームに落とし込む。
↓その活動が農業振興に貢献することを説明できるか。
（三）准組合員に参加を促す。

↓有効な情報発信手段はどのようなものか。

（四）准組合員のＪＡ活動が盛んになれば、経営参画について進める。

↓理事への登用なども検討する。

三　ＪＡの活動の整理と提案

（一）まずは准組合員の声をあつめる

農協改革の中で正組合員との対話活動は、全国的に進められてきた。これからは准組合員との対話活動を進めることが必要となる。あるＪＡでは、准組合員にアンケートを行う中で話合い参加の希望を尋ね、希望のある方々を参集し、座談会を開催したとのことである。この方法はＪＡに関心の高い准組合員が集まることから、非常に有効な方法である。

（二）直売所に関する取り組み

直売所では〝地産地消〟にプラスして、〝知産知消〟をキーワードとする。知産知消とは、産地と消費の両面を知ることである。対面販売等を通じて、消費者（准組合員）は生産者（正組合員）のこだわりや苦労を知り、生産者（正組合員）は消費者（准組合員）の食生活（ニーズ）を知ることができる。

そうなると、直売所が地域農業振興の拠点となる。すでに「ＪＡいるまの」では、「**准組合員直売所モニター制度**」[※1]を導入していることから、このような活動が盛んになれば、生産者（正組合員）と消費者（准組合員）で作り上げる直売所が今後増えていくであろう。一歩踏み込めば、直売所の運営委員会等に准組合員を消費者の代表として迎え入れることも考えられ、それが准組合員の意思反映の第一歩となる。

※1　日本農業新聞・二〇一八年一二月二一日

（三）料理教室に関する取り組み

ＪＡでは准組合員や地域住民を対象とした料理教室を行っている。この活動は、食を通じた地域農業理解の醸成といった目的がある。開催方法としては、ＪＡが企画運営を行い、受講者は准組合員及び地域住民であり、生産者（正組合員）が栽培した農畜産物を、委託した料理人等が実習を行う方法が一般的である。

新たな方法は准組合員を組織化し、その組織が企画運営を行い、受講者は地域住民を中心とし、生産者（正組合員）が栽培した農畜産物を、組織部員が講師として実習を行うという方法である。ＪＡ活動において、准組合員はあくまでもＪＡ組織の一員であるため、お客様ではない。

食とＪＡ活動を通じて農業振興に貢献する者が准組合員であることから、ＪＡ活動も受け身でなく、積極的な関与をもって貢献する活動の道標をつくることが必要となる。

《例：料理教室》

	企画運営	食材提供	講　師	受講者
現　在	ＪＡ	正組合員	委　託	准組合員、地域住民
これから	准組組織	正組合員	准組組織等	地域住民が中心

（四）体験農園に関する取り組み

体験農園に関する取り組みは、多くのＪＡが行政と連携しながら実施しているため、准組合員に絞ることは難しい。しかしながら、准組合員でない参加者も地域農業振興へ貢献したいと考えるのならば、ＪＡの准組合員の位置付けを明確に知らせることでＪＡの仲間となることは可能である。

（五）援農に関する取り組み

知産知消で考えれば、消費者が生産現場を知ることが大切である。方法としては生産者を支援する援農活動が挙げられる。こちらも既に各地域で行われており、特に「ＪＡ横浜」では**「准組合員による援農ボランティア活動」**[※2]が行われている。多くの場合、行政と連携していると思われるため、参加者にＪＡ組織への参加を呼び掛けることが必要である。

※2　日本農業新聞・二〇一八年一二月一九日

四　ＪＡの取り組みを補完するｅコマーズ

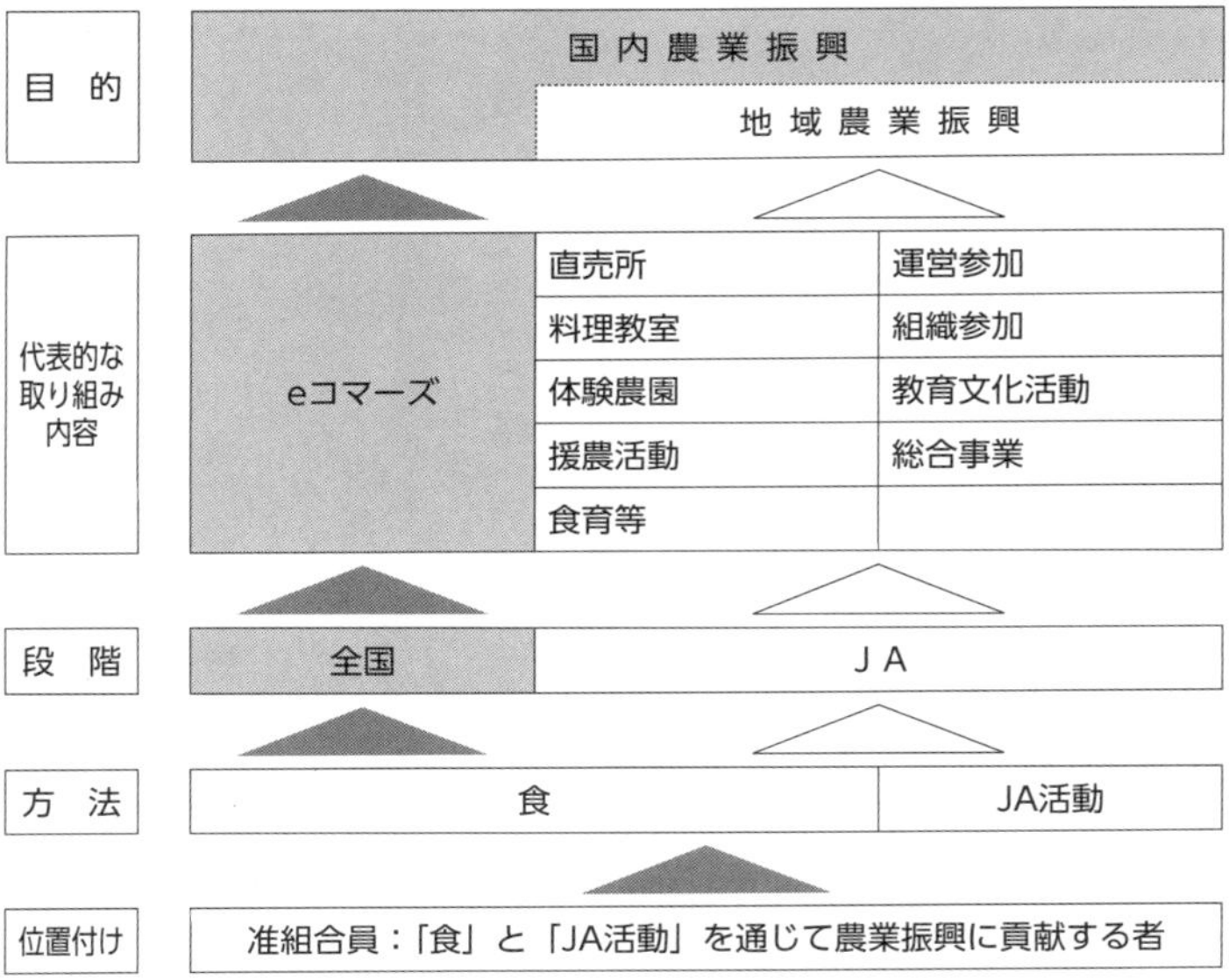

【著者紹介】

福間莞爾（ふくま　かんじ）
一九四三年生まれ。全国農協中央会常務理事、（財）協同組合経営研究所理事長等を歴任。現在、「新世紀ＪＡ研究会」常任幹事、ＪＡアナリスト。農業経済学博士。

（著書）

①『転機に立つＪＡ改革』（財）協同組合経営研究所二〇〇六年
②『なぜ総合ＪＡでなければならないか―二一世紀型協同組合への道』全国協同出版二〇〇七年
③『現代ＪＡ論―先端を行くビジネスモデル』全国協同出版二〇〇九年
④『信用・共済分離論を排す―総合ＪＡ一〇〇年モデルの検証と活用』日本農業新聞二〇一〇年
⑤『これからの総合ＪＡを考える―その理念・特質と運営方法』家の光協会二〇一一年
⑥『ＪＡ新協同組合ガイドブック』〈組織編〉全国共同出版二〇一二年
⑦『新ＪＡ改革ガイドブック―自立ＪＡの確立』全国共同出版二〇一四年
⑧『規制改革会議・ＪＡ解体論への反論』全国共同出版二〇一五年
⑨『総合ＪＡの針路』―新ビジョンの確立と開かれた運動展開』全国共同出版二〇一五年
⑩『明日を拓くＪＡ運動―自己改革の新たな展開』全国共同出版二〇一八年

（インタビュー集）

・『変革期におけるリーダーシップ』（協同組合トップインタビュー）財団法人協同組合経営研究所
二〇〇五年

創造か 破壊か
―ＪＡ准組合員問題の衝撃と対策―

2019年7月1日　第1版　第1刷発行

著　者　福間莞爾

発行者　尾中隆夫

発行所　全国共同出版株式会社
〒161-0011 東京都新宿区若葉1-10-32
TEL. 03-3359-4811　FAX. 03-3358-6174

印刷・製本　株式会社アレックス

「規制改革会議」JA解体論への反論
－世界が認めた日本の総合ＪＡ－

農業経済学博士 **福間莞爾**

発行 2015年1月

A5版64頁
定価 本体650円＋税

◆主な目次◆

全国共同出版